"十三五"普通高等教育本科部委级规划教材

商业空间展示设计

COMMERCIAL SPACE DISPLAY DESIGN

赵智峰 罗昭信 | 编著

中国纺织出版社

内 容 提 要

本书为“十三五”普通高等教育本科部委级规划教材。

本书以向读者展示更多的新媒介、新业态、新商业展示形式为目标，用前沿的视角分析当今的商业空间展示设计，运用大量作者参与的实际项目案例，进行逐个步骤分析讲解，从项目场地的调研、设计理念的提炼、设计方案的推敲和修改，直至项目实现，具有较强的借鉴性和实用性。

本书不仅可以作高等院校教材，亦可作为行业设计及相关人员的参考用书。

图书在版编目（CIP）数据

商业空间展示设计／赵智峰，罗昭信编著．—北京：中国纺织出版社，2019.5（2023.3重印）
“十三五”普通高等教育本科部委级规划教材
ISBN 978-7-5180-5702-3

Ⅰ．①商… Ⅱ．①赵… ②罗… Ⅲ．①商业建筑—室内装饰设计—高等学校—教材 Ⅳ．①TU247

中国版本图书馆CIP数据核字（2018）第280706号

策划编辑：魏　萌　　责任校对：楼旭红　　责任印制：王艳丽

中国纺织出版社出版发行
地址：北京市朝阳区百子湾东里A407号楼　邮政编码：100124
销售电话：010—67004422　传真：010—87155801
http：//www.c-textilep.com
E-mail：faxing@c-textilep.com
中国纺织出版社天猫旗舰店
官方微博 http：//weibo.com/2119887771
北京通天印刷有限责任公司印刷　各地新华书店经销
2019年5月第1版　2023年3月第5次印刷
开本：787×1092　1/16　印张：13
字数：152千字　定价：58.00元

前言

艺术设计的发展情况可以折射出经济的发展程度，在当今技术飞速更新的信息时代，人们对商业空间的需求越来越趋于复合化、人性化、个性化、多元化，这样的商业空间展示成为人们青睐的对象。这就决定着设计师需要把顾客的需求变成自己的目标，设计出有创意、便捷舒适、新颖、使用功能合理、满足人们心理感情需求的商业空间来。

本书共分六章，第一章、第二章主要讲解商业空间展示设计的基本理论知识，让读者了解设计所要掌握的基础知识要点、需要遵循的原则。并着重向读者展示更多的新媒介、新业态、新商业展示形式，用前沿的视角分析当今的商业空间展示设计，拓展读者对于新的商业空间展示设计的认知和理解。第三章至第五章以分析具体项目案例内容为主，这些案例均为作者实际参与的真实项目，进行逐个步骤的分析讲解，从项目场地的调研、设计理念的提炼、设计方案的推敲和修改，直到项目的实现，具有较强的实用性。并且每章都有对应的设计训练任务，使读者能够理论联系实际，加深理解，并锻炼自己的实践设计能力，完成商业空间展示设计的创意方法和实践操作技能的学习。第六章列举了优秀的橱窗、展位设计案例，让学生通过鉴赏开阔自己的眼界，提高设计能力，并为以后从事相关的设计工作打好基础。

本书编写分工：赵智峰主要负责第三章至第五章实际案例的撰写、整理；罗昭信主要负责第一章、第二章文字的梳理，第六章优秀案例的撰写、整理。

本书在编写过程中，得到了多位老师、同事、朋友的帮助，在此一并表示感谢。由于教材编写内容庞杂，难免会有疏漏，还请教育界和设计界的专家同行及广大读者不吝赐教，在此表示深深的感谢。

编著者

2018年11月

教学内容及课时安排

章 / 课时	课程性质 / 课时	节	课程内容
第一章 / 4	基础理论 / 16	·	**商业空间展示设计概述**
		一	商业空间展示设计的概念
		二	商业空间展示设计的特性
		三	商业空间展示设计的分类
		四	商业展示设计的可持续发展
第二章 / 12		·	**商业空间展示设计的构成要素及基本原则**
		一	空间营造
		二	观众视角
		三	展品陈列
		四	平面设计
		五	品牌形象
第三章 / 20	实际案例与课题训练 / 60	·	**商业空间展示设计的流程**
		一	设计的流程
		二	新阅面包店空间设计
		三	归雁主题餐厅空间设计
		四	芯易斋心理培训机构空间设计
第四章 / 20		·	**以塑造品牌形象为目的的商业空间展示**
		一	“8天在线”品牌形象设计及线下便利店空间设计
		二	韩式“大桶炸鸡”店品牌形象设计及商铺空间设计
		三	“猫的天空之城”成都太古里店空间设计
		四	都可（COCO）奶茶铺空间设计
第五章 / 20		·	**以信息传播为目的的展示空间设计**
		一	展位、展厅设计的特点
		二	华润燃气展厅空间设计
		三	杨丽萍主题花园展厅空间设计
		四	大丰梅花文化展厅设计
		五	COCOVEL展位设计
第六章 / 4	案例欣赏 / 4	·	**案例赏析**
		一	橱窗设计
		二	展位设计

注　各院校可根据自身的教学特色和教学计划课程时数进行调整。

目录

基础理论

实际案例与课题训练

案例欣赏

商业空间展示设计概述

课题名称： 商业空间展示设计概述

课题内容： 商业空间展示设计的概念
商业空间展示设计的特性
商业空间展示设计的分类
商业展示设计的可持续发展

课题时间： 4课时

教学目的： 使学生了解商业空间展示设计的概念、特性，并了解其涵盖的设计范围和种类。

教学方式： 讲授法、讨论法。

教学要求： 1.掌握商业空间展示设计的概念。
2.了解商业空间展示设计分类和涵盖的设计范围。
3.了解可持续发展的重要性并掌握其实现方法。

第一章　商业空间展示设计概述

第一节　商业空间展示设计的概念

商业空间展示设计最早始于集市和庙会，人们在集会上将自己的物品放置在摊位上进行交易买卖，这是最古老的商业展示活动，可以说是商业空间展示设计的雏形。1900年在英国的杂货店，就对商品进行了非常合理、美观的陈列，即使在今天的超市，这样对商品的分类陈列方法，也没有过时（图1-1）。

图1-1　早期商店经营者陈列商品的面貌

早在18世纪末期，商店经营者就察觉到了展示的重要性，他们十分关心商品的外观摆设和展示，但当时的做法是，将极少部分的商品陈列在商店内，以供顾客作为参考，在获得顾客认可后再带着他们前往储藏间里拿取他们看中的同类物品，这便是最早期的商业展示行为。

之后，商品陈列展示形式的出现是一种全新的进化，商店经营者们将最初储藏在仓库里的商品拿出，分门别类、进行条理而富有艺术感的陈列展示，令商品不仅仅是用于出售，更成为一种直观的营销方式。它使商店的购物体验有了一个全新的改变，以更为直接且极具视觉的“感官体验”来展现商品的质感。于是，商店经营者们对如何使用商品陈列作为营销手段有了新的认识，商品美观、有效的陈列从视觉上吸引顾客，促使商店成为令人愉悦的购物场所（图1-2、图1-3）。

亚里斯泰德·布西科（Aristide Boucicaut）是首位提出创立百货商店的人，他于1838

图1-2　1928年英国面料展

图1-3　1957年英国伦敦理想家居展

年在法国巴黎开办了第一家百货公司——乐蓬马歇百货公司（图1-4、图1-5）。

Aristide Boucicaut决定将这家百货公司的橱窗用来展示精美的商品，随着时间的推移，他逐渐将视觉陈列的设计美学延伸到了百货公司的内部。因为他奇思妙想的创意和百货公司齐全的货品，乐蓬马歇在1852年一举成为世界第一的百货公司。

图1-4　1892年乐蓬马歇百货公司（Le Bon Marché）画像

而时至今日，我们所说的商业空间展示设计，已经不仅仅是当时商品的陈列和展示了，而是指整个商业空间中的与展示有关的所有设计内容，包含商业空间的室内设计、展具设计、商品陈列、流线设计等诸多内容，是一个庞杂的、科学的体系。

今天的商业空间展示设计涵盖了广泛的设计主题，从大型的世界博览会到小型的橱窗展示，从安静的企业展厅到热闹缤纷的主题公园（图1-6～图1-11），都是在展示设计的范畴之内。

图1-5　1920年百货公司橱窗

图1-6　创意展台

图1-7　卢浮宫博物馆

图1-8　展馆

图1-9　巴宝莉橱窗

图1-10　展位设计

图1-11　主题乐园

包豪斯的成员赫伯特·拜耶（Herbert Bayer）曾说："展示的作品不是挂在展墙上的平面，展览的整体应该通过设计创造成为一种动态的展示体验，即展览的视觉传达方式不是点状的、片状的，而是线性的、连续运动的。"这就阐明了商业空间展示设计要兼具功能和精神的内涵，具备传播和接收反馈信息的双向互动性，在展示中注重与观众的对话与交流，而不是一味地灌输。"展示"本身是个动词，它代表的正是展示设计本身的动态性，通过设计空间、打造形象、传播信息、互动交流的过程，形成一个有效传递信息为目标的动态的、变化的过程。

因此，在商业空间中展示设计会借助策划设计、空间设计、平面广告设计、多媒体设计、交互机制等多元手段来传递展示的目的。展示设计以其直观、形象、系统、生动有趣的魅力，提供了人与人之间信息传递交流的平台。展示设计虽是对一个空间进行设计，但它不同于室内设计，它除了要对展示空间、视觉形式、平面版式进行设计之外，还要考虑从多媒体、音响、光效、互动活动等多种途径来展示内容、传递信息，达到一种互动的、交流目的的设计行为。无论这个展示是文化的还是商业的，无论展期是五年还是五天，所有成功的展示设计都是通过三维空间在传达一个故事，这样的理念始终贯穿这些迥然不同的展示环境中。

有人归纳展示设计是以物为中心的设计行为，这有别于以人为中心的环境艺术设计，但展示设计过程中仍然要考虑人文因素、受众心理、人体工学，依然围绕人在进行设计。其实，更为准确的说法是，展示设计中的人与物都不是主体，而是主体连接的两头，而这个真正的主体就是信息的有效传播与接收。无论是以商业品牌宣传为目的的展览会、橱窗，还是以文化传播为目的的博物馆，都是为了信息的有效传递。一个好的商业展示空间则是商业模式和展示形式的结合体。

第二节　商业空间展示设计的特性

一、综合性

商业空间中的展示设计由多种专业知识组成，是包含广泛的、综合性强的学科。其应用领域涉及多个领域，如市场策划与营销、消费心理、传播学、展览建筑与环境、视听美学等诸多方面的知识。这就要求设计者需要具备包括绘画、摄影、空间设计以及材料和灯光运用等多种技能。

二、多维性

展示是多维的和全息的空间关系。静态的空间是由长、宽、高围合而成的三维空间，但观众在展示空间里，随着视点的移动，光线的变化、视听影像的感受，获得了一个完整的空间感受。因此，展示空间是除了三维立体空间之外，还添加了时间概念、声音、影像、光线、甚至气味等诸多因素的多维空间。展示所具有的这些特点，要求设计者充分考虑展示艺术的多维度特征，合理、充分运用这些多维度空间“语汇”，塑造出一个个生动的商业展示空间环境，使观众能够在多维的传播方式的共同作用下，获取有限信息并获得愉悦的感受。

2017年NIKE在上海的时代广场，完成了一个未来主义风格的跑步体验站项目。跑步站在推广NIKE＋跑步俱乐部的同时，也为跑步爱好者在这个寒冷的冬季提供了一个临时的运动中心。这个体验中心将跑步爱好者们聚集在一起，通过奔跑的形式发现城市新面貌。体验中心呈六角形结构，结合动感的媒体装饰面以及室内半独立空间的跑步区域，营造出如同万花筒一般的室内效果。跑步爱好者置身其中，他们在跑步机上的运动数据将在室内外的屏幕上实时显示（图1-12）。

三、开放性与流动性

商业展示空间的开放性是指展示活动要创造出一个面向公众，以实现信息现场交流为目的的商业空间环境。商业展示空间不同于私密的生活空间，除了必要的隔离围合外，都应是通透敞开的。因此，如何在开放的环境中陈列商品、融入品牌信息、吸引观众，这是设计者需要思考的问题。另外，目前许多重点历史文物场所，都面临开放性和保护性的两难局面，如何用现代化的科学技术手段来平衡这一矛盾，最大限度地实现让更多观众“实地体验”的开放要求，是现代空间展示的重要课题。

图1-12　NIKE跑步体验站项目

展示空间的流动性是指场馆内由人和物构成的动态参观过程。流动性导致每个人的活动轨迹都是无序、随机的，也导致观众在每个展台浏览的时间也不会太长。这就要求设计者要善于分析观众心理，合理规划展示空间和参观路线，并合理甄选信息。明确、直接、简短的信息被有效传递，这样才能使观众在流动中有效地接收特定的信息，快速有效地介入展示活动。

美国华盛顿的国家建筑博物馆（National Building Museum）有一个七层楼高的中庭，2016年夏天，这里出现了一个约6米高的蓝色盒子，一些白色的三角锥体遍布其中，或者从顶上冒出来，就像是海洋上漂浮的冰川。也有一些出现在盒子里面或倒挂在“水平面”之下，透过半透明的蓝色的外壳可以隐约看到，犹如一个神奇的海洋世界。

参观的人可以走进盒子里，就像走在海洋里面。其中一个冰川有两个滑梯，还可以登上一个冰川去至高处观看装置的全景。这些冰川是用聚碳酸酯材料制作的五面体或八面体，数量超过30个。此外一些白色的豆袋椅（bean-bag chairs）看似随意地扔在了地面上，让这里变成一个可以聚会、讨论和休息的场所。它们与白色的冰川相对应，远看时，还以为是某种海洋生物呢。做这个冰川装置的目的显而易见，是呼吁人们关注气候变暖等环境议题。设计师认为，对很多人而言全球变暖是一个发生在数千里以外的抽象概念，只有当人们站到冰川的下面，才能真切感受到这个问题。此外，他们还增加了更多的互动，吸引更多的人来参观（图1-13）。

四、体验性与参与性

体验性、参与性是现代商业展示的标志。现在的商业展示是一种主旨明确的借助展品及各种信息载体向观众传递信息，并影响他们生活的活动，观众是服务的最终端主体。因此，如何为参展方与观众的共同参与创造最恰当的展示空间和氛围，以促进体验与交流，始终是设计师研究的课题。

五、传达时效性

商业空间展示的周期有长有短。例如，会展活动的周期都较短，但展内的信息量巨大，观众浏览展台的有效时间较短，这就要求展会展示设计力求在短时间内完成对观众的信息传递，所传达的信息内容鲜明、简明、直接，展示形式新颖、独特、有强烈的视觉冲击力。

而商业店铺内的展示设计，则是一个相对固定的场所，可能若干年才会更换装修。但店面整体的设计造型、商品的陈列形式还是要新颖、独具创意，才可以不断吸引求新、求变的消费者。

图1-13　华盛顿博物馆海洋漂浮冰川案例

第三节 商业空间展示设计的分类

在不同的情境下，我们可以对展示设计进行不同的分类。如果按照其用途与目的，可以将展示设计分为以下五大类：

☆ **展览类展示设计类**，例如世博会、国际博览会、商务会展。

☆ **教育与文化展示类**，例如博物馆、美术馆、科技馆、规划馆。

☆ **娱乐展示类**，例如游乐园、主题公园、影视舞台。

☆ **实体商业展示类**，例如购物中心、专卖店陈列、橱窗展示、快闪店。

☆ **网络虚拟展示类**，例如利用网络平台、VR、AR等技术的虚拟场景的展示。

一、展览类展示设计

大型展会起源于法国，时至今日，法语“EXPO”已经成为国际规模大型博览会通用的缩略词了。世界性的展会可以分为两大类：一种是世界博览会（简称世博会），展期通常为6个月，每5年举办一次；另一类是国际型专业博览会，展期通常为3个月。国际型专业博览会不同于一般的贸易促销和经济招商的展览会，是全球最高级别的博览会。

1. 世界博览会 自1851年伦敦的“万国工业博览会”开始，世博会正日益成为全球经济、科技和文化领域的盛会，成为各国人民总结历史经验、交流聪明才智、体现合作精神、展望未来发展的重要舞台。世博会每五年举办一次，规模巨大，主题包罗万象，也有越来越多的非政府组织加入进来。世博会的规模浩大，需要巨额资金的投入和多年的规划，这都需要一套全面完整的基础设施系统作为支撑，包括交通、住宿、安全、健康和食物等诸多因素。

（1）新产品、新技术的展示舞台：第一届真正意义上的世博会是1851年在英国伦敦举办的。在欧洲的泰晤士河畔，出现了一座令人炫目的水晶宫——当时的英国人耗用了4500吨钢材、30万块玻璃，在伦敦海德公园建成一座晶莹剔透的建筑物。当年5月1日，英国在水晶宫里举办了第一届世博会，当时有十多个国家赴会，展出了汽车发动机、水力印刷机、纺织机械等一批新产品，拉开了博览会的序幕。

此后，在法国的巴黎、美国的旧金山、比利时的布鲁塞尔、日本的大阪、德国的汉诺威……都留下了世博会的精彩之笔。贝尔电话、科利斯蒸汽机、爱迪生电灯、莱特飞机等一大批凝聚着人类科技创新的“智慧结晶”，都曾在历届世博会上大出风头。1937年在巴黎，帕布鲁·毕加索的画作《格尔尼卡》在西班牙馆展出。1967年，蒙特利尔世博会，展示了IMAX影院的独特魅力。

世博会也保留了少量标志性建筑，1889的埃菲尔铁塔是世博会历史上最著名的标志性建筑，西雅图世博会的太空针，大阪世博会的太阳塔，都还矗立至今，并且成为各个城市的旅游景点和标志符号。

今天，有着150多年历史的世博会，成为先进技术、先进材料和先进概念的展示交流平台，已被视为体现经济和社会成就、展示综合国力的、鼓励创新的舞台。

2015年米兰世博会的主题是“滋养地球，生命的能源”，而德国馆的整体设计理念是要表现“思想的田野”的主题定位，设计师们将德国馆打造成一片充满活力且富饶的“风景”，在这里充满了对未来人类营养的各种构想，展示了各种新技术形式（图1-14）。

图1-14　米兰世博会德国馆

参观者有两条参观路线，他们可以漫步到展馆的上层空间，也可以参观展馆内部的展览，其中涉及主题：营养的来源、食物生产和城市消费等。

展馆的中心设计元素是一些有张力的、新芽状、薄膜覆盖的“思想的幼苗”，他们的建设和仿生设计语汇都受到大自然的启发。这些思想的幼苗将内部和外部空间连接起来，融合了建筑和展览，同时在炎热的夏季为参观者提供了乘凉的处所。

这些幼苗集成先进的有机光伏（OPV）技术，能够存储太阳能，与使用传统太阳能电池组的项目相比，德国馆的建筑师们结合现有技术可以创造更多的东西。

（2）世博会场馆的节能环保：世博会是一个浩大的工程，每个场馆的建造都要大量的材料、能源，如果不加以控制，势必会使展会成为浪费资源、生成大量不可再生废弃物的

图1-15　上海世博会日本馆

图1-16　上海世博会瑞士馆互动智能光电幕墙

过程。每届世博会上，每个国家都尝试运用新材料、新媒体、新技术来展示自己国家的场馆。但同时由于场馆的“临时性”的特性，每个场馆在设计时也会考虑将来的建筑架构的可拆卸性、材料的可降解性这些问题。很多国家的展馆都是采用环保的、可拆卸并重新组装的材料进行搭建，以保证在半年的展期结束以后，可以拆卸运走。所以在节能减排、循环再利用方面，各个国家在展馆设计方面都做出了巨大的努力。

2010年的上海世博会，主题是“城市，让生活更美好”，充分反映了全球对于环境的可持续发展问题的共同关注。不少外国馆的建造设计都是按照临时性标准设计和建造的，在设计前就考虑到拆除后材料的重复使用或直接降解。例如日本馆的外部穹顶，这是一层含太阳能发电装置的膜结构，非常轻盈，无形中降低了在搭建及使用时的能耗（图1-15）。再如瑞士馆，最外部的幕帷主要由大豆纤维制成，既能发电，又能天然降解。展览结束后只要涂层涂料，两天内就能降解，无法永久保留（图1-16）。

再如2015年米兰世博会的意大利馆，六层楼的晶格结构被包裹在错综复杂的树枝状皮肤中，展馆外面是可过滤烟雾的复合混凝土外观，是由光催化性的空气净化水泥建成，这些混凝土通过与阳光接触，可以吸收空气中的粉尘污染物，并将其转化成为惰性盐。而且这种特殊的环境净化水泥80%都是由回收的材料制成。该建筑在世博会后也被保留了下来，作为城市技术创新的象征（图1-17）。

米兰世博会法国馆建成了一个网络状的、极具凝聚力的“农作物市场”，既可种植、收获粮食，又可当场销售与消费。展馆的拱形大厅内，木格的结构种满了药材、蔬菜及蛇麻子。在建筑底层，游客穿过法国粮食主题的展览厅，然后通过楼梯到达楼上的露台餐厅，享用展馆的新鲜农作物（图1-18）。

2010年上海世博会的英国馆大家还记忆犹新，而2015年米兰世博会的英国馆，同样是有强烈“密集感”的一个建筑，整座场馆主要分为露天花园和圆形“蜂巢”的巨大圆形

图1-17　2015年米兰世博会意大利馆外观图

图1-18　米兰世博会法国馆

球装置，其中“蜂巢”球形结构是核心，整体由大量细钢格栅和LED灯组成，紧密相连的钢结构犹如蜂巢，呈矩形，高3米，中心是一个椭圆形的空间，游客会在内部感受蜂巢的模拟实景。而前方以大量植物、果树覆盖的花园也与蜜蜂的移动轨迹密切相关。英国馆这次的主题是“蜜蜂种群的危机与问题”（图1-19）。

图1-19　米兰世博会英国馆

2. 国际型专业博览会　国际型专业博览会比世博会规模小一些，通常会有更专业的主题和具有特殊意义的国家盛事联系在一起。例如创办于1961年的意大利米兰国际家具展，被称为世界三大展览之一，每年一届。创办于1966年的杜塞尔多夫零售业展览会（Euroshop），是全球规模和影响力最大的零售业、广告业和展装业综合博览会，每三年举办一次（图1-20）。

3. 商务展会　商务展会是以增加销售为最终目标的会展类型，商务展会可分为专业展会和公众展会，如名为“太阳能产业及光伏工程”的展览会，针对的就是特定行业的专业展会，只会对专业人士开放；而如上海国际车展，就是针对所有消费人群的公众展会了。

图1-20　杜塞尔多夫零售业展览会

虽然现在各展商不一定在现场直接售卖自己的产品，但他们都在竭尽所能地通过展示来提升品牌形象，建立良好的品牌意识，扩大品牌影响。展会反映了所在行业的最新趋势，具有很强的前瞻性。另外，任何形式的展览会，都是一次人文互动的宝贵机遇，所有的展商都期待利用21世纪高度发达的市场体系来吸引更多的新顾客（图1-21）。

（1）强化品牌：一个展位一般是一个品牌的单个或多个产品在三维空间里的展示。在众多的展台中，如何让展台能够被快速识别，就需要设计者利用品牌标识、品牌标准色等固有的信息，来对展位空间进行设计。标识是企业的品牌视觉符号，它能够瞬间唤起人们关于该品牌的记忆。在设计时，首先考虑利用标识的造型特点、标识标准色等视觉元素来延伸出展位设计的空间布置。设计者在任何时候都不应该改动标识，品牌标识是品牌化市场营销策略的一个重要组成部分，也是一个最直接、最大型的信标，吸引着观者走近展台。

三星在楼宇的天台做了一次题为“发现世界的可能性”展示设计。三星的标志色为蓝

图1-21　科隆国际办公家具及管理设施展brunner公司展厅

色，此次的三星旅行体验使用标志色强化三星的形象，使用四个圆形穹顶创建独立的房间，通过走廊相连。它以线性的路线方式，使参观者沉浸在蓝色环境和无边的想象中。圆顶由蓝色聚氯乙烯制作而成，将观众看到的世界变成了三星的标志性蓝色，每个圆顶内的模块都利用视觉、声音、气味的组合为参观者创建一个意想不到的环境和难忘的体验。模块的布局灵活，组装拆卸也很容易（图1-22）。

（2）有效传递信息：展商的产品信息，需要通过网站、视频、互动性展示、传单以及赠品等形式来传递，在展会这样一个热闹纷杂的环境中，决定了观者在每个展位停留时间的短暂性，同时也意味着观者不能接受大量文本的阅读，他只有几秒钟的时间来接收重要

图1-22　三星题为“发现世界的可能性”展示设计

的信息。这就要求设计时必须考虑这种瞬时性，简化信息内容，多采用互动性的、多媒体的、直观的信息形式，来有效传达。

二、教育与文化展示

博物馆是城市的眼睛，它往往反映了一个城市，乃至一个国家的文明程度。而现在的博物馆，已经不再仅仅是一个储藏文物的地方，越来越多优秀博物馆的设计，是以观众为核心，融入数码手段、声光电一体的方法，更多运用交互的方式，让观众获得更好的体验感。这样的博物馆是更具吸引力的、更具活力的、能够被参观者所喜爱的。

现代博物馆在教育和研究领域扮演着非常重要的角色，随着科技的不断发展，现在的博物馆逐渐在摆脱被动、刻板、教科书式的印象，转而以观众为核心，在设计中加入很多对话式的、故事性的元素，大大提高了博物馆的活泼性和互动性。我们可以看到布满文本的标签和镶板变少了，各式各样的多媒体技术被用来传达信息和制造具有互动性的参观经历。

1. 从被动参观到主动参与　以往的博物馆从展示展品角度出发，忽略了观众的感受和需求，从而使参观过程显得枯燥、乏味。现在博物馆承担起公众文化教育的重任，开始考虑从观众角度出发，适当加入轻松、活泼、带有互动的环节设置，让观众从被动的参观变为主动参与。著名华裔设计师贝聿铭先生设计的美秀美术馆，不仅仅做美术馆的建筑设计，而是将整个参观流程都纳入设计范畴。

贝聿铭先生设计的美秀美术馆建在一座山头上，建筑的80%于山体之中，使美术馆与自然很好地融合。观众参观的路线正合了《桃花源记》当中所描述的意境：“缘溪行，忘路之远近。忽逢桃花林，夹岸数百步，中无杂树，芳草鲜美，落英缤纷。渔人甚异之。复前行，欲穷其林。”在到达接待处时，行人要穿过一片樱花林，再接着进入一条拱形隧道，隧道的设计呈“S”形，让人看不到尽端，也是曲径通幽之意。走出隧道，就看到一片开阔的广场，美秀美术馆就在绿树的映衬下在那里等待游客。这样的路线设计给参观者带来一种“豁然开朗”的体验感，且设计理念不仅仅贯彻于建筑本身或参观流程，在下雨天，工作人员甚至会请游客收起自己带来的伞，使用馆方提供的统一颜色的伞，给大家一个最纯正的意境之美。这是对场地环境的尊重，对大自然的尊重（图1-23）。

2. 由静态陈列向动态展示的转变　现在的博物馆更多倾向于使用各种声、光、电等科技手段来使展馆变得丰富、生动起来。博物馆由以往静态的、被动的形式，转变为动态的、观众可以主动探索、参与互动的展示形式，观众在过程中不仅学到知识，还获得了参与其中的乐趣。

上海自然博物馆新馆与老馆相比，做出了很多亲民的改变。馆方将栏杆尽可能降低，隔离玻璃尽可能减少，参观者几乎可以“零距离”观赏标本，展品就在身边流连，触手可及。

图1-23　美秀美术馆

一楼的生命长河区将众多动物全部汇集在一个空间里，并且保持了动物的原比例呈现，许多巨大的鲸鱼和恐龙被悬挂在天花顶上，模拟出在水中悠游前行的姿态，寓意生命的长河，灵动的展示形式、恢宏的气势，这种视觉震撼力让每位观众都为之折服。

场馆内设置的互动项目也非常丰富，天文地理、人文历史、爬虫鸟兽无所不包，馆方通过多种多媒体演示和互动的项目，使深奥的知识更容易被孩子所接受。孩子在这里可以学到很多，成年人也不会觉得无趣。例如其中“小小博物家”这个互动项目，是类似课堂的形式开展的，每次要一个小时，看似时间太久，不是小孩子能够承受的，但其实参与的小孩可以利用博物馆笔记、配套工具，仔细观察包内提供的自然物，动手操作，完成自主探究的学习过程。动手操作的乐趣使习得的知识也更加印象深刻。

再如底层场馆顶部，把数枚松果悬吊形成若干环形，如同大型的吊灯，达到了震撼的视觉效果。在禽类展示区，天鹅等鸟类如同定格动画一样，展示出了飞翔的动态。在一处名为“森林音乐家”的互动装置处，每个中空的木质圆柱都有一个适合儿童高度的“树洞”，洞内隐藏的音响会播放不同的虫鸣声音，为孩子们感受虫鸣提供了更生动自然的形式（图1-24）。

图1-24　自然博物馆

再如2010年上海世博会中国馆中的《清明上河图》，这个展品之所以让人印象深刻，叹为观止，就是因为它把静态的画面形式转变成了巨幅的动态场景，图中有近1700个古代人物形象，都被制作成了动态的场景，有的担货、有的钓鱼、有的叫卖，形态各异、栩栩如生，观众仿佛置身其中，切身感受到古人的生活环境（图1-25）。

3. 互动机制的介入　上海科技馆“人与健康”展厅，设置了骑自行车的互动项目。观

图1-25　动态的《清明上河图》长卷

众通过面前的显示屏，可以看到自己走在不同的路面上、体验不同的骑车环境，这个娱乐互动项目受到了广大青少年的喜爱。

2010年中国台湾花博会梦想馆运用台湾本土地区尖端科技，设置多处数字互动项目，与观众互动，展示科技与人文结合交融的可能性（图1-26~图1-29）。

设计者在大厅中央展现宽度达到6米的巨型动力机械花朵的绽放，周边布满了34000片的纸叶片串接成森林隧道，这些薄如纸片的软性扬声器则模拟大自然“风吹花叶动的声音”。结合五彩绚丽灯光，效果非常奇幻，使参观者仿佛置身大自然之中。

每一位进入“梦想馆”的观众，都会收到一个类似手表的智能手环。通过运用“超高

图1-26 RFID智慧手环

图1-27 中国台湾花博会梦想馆巨型机械花朵

图1-28 悬吊于大厅之叶型可折式超薄软性扬声器

图1-29 中国台湾花博会梦想馆完成授粉

频无线射频辨识”技术，手环可以记录观众在馆内的参观时间、选择的梦想等信息。当观众从事业、健康、感情等梦想中选取一个时，一朵“梦想之花”就会被植入到手环中。随着一路参观，在不同的系统读取点，“梦想之花”会吸收能量不断成长。最后，系统会将观众的“梦想之花”取出栽种到大屏幕上的“城市花园”中。与此同时，系统会自动将观众的“梦想之花”打印在一张卡片上，并配有一段“解梦”和“励志”的话语。

观众进入一个“变身区域”时，墙上的影子会逐渐变成昆虫的样子。接着进入“花蕊区”时，轻触花蕊就会采集到满手的花粉。最后，观众到达一个由智能液晶玻璃组成的“生命之花”前，将沾满花粉的手放上去的时候，就完成了授粉过程，玻璃会自动发光。当放上去的手越多，时间越长，灯光就会越亮。在整个过程中，不仅能感受到昆虫和花朵之间的“互利”过程，也能感受到大家齐心协力、一起让智能玻璃亮起来的“互利”过程。

三、娱乐类型的展示——游乐园、主题公园、影视舞台

无论是游乐园、主题公园，抑或是影视舞台，主题环境的营造是成功的关键。主题公园是为了满足旅游者多样化休闲娱乐需求和选择而建造的一种具有创意性活动的旅游场所。它依据某个主题创意，主要以文化复制、文化移植、文化陈列以及高新技术等手段，以虚拟环境塑造与园林环境为载体来迎合消费者的好奇心，以主题情节贯穿整个游乐项目的休闲娱乐活动空间。

主题公园设计必须依靠优秀的创意来推动，因此，主题公园的主题选择就显得尤为重

要。世界上成功的主题公园都是极具个性、形像鲜明且各有特色。这些主题公园的空间环境打造得如同梦幻世界，给观众留下难忘的记忆。

澳大利亚疏芬山（Sovereign Hill）有一座露天博物馆，它是建在19世纪50年代澳洲淘金潮期间的一座真实金矿原址上的，景区重现了当年镇上的民居、商店、剧院在内的各种景点，并且设计了淘金和乘坐马车的体验。站在小镇上，马车尘土飞扬，路人皆是19世纪50年代的打扮，整个历史故事栩栩如生地呈现在了游客面前（图1-30）。

通过戏剧效果的安排对主题环境进行营造，最经典的就是迪斯尼主题乐园和环球影城主题乐园。在这里，电影里中角色、场景都被“真实”再现，观众在这里可以尽情享受各种娱乐休闲项目，陶醉于充满想象力的奇妙场景中。

图1-30 澳大利亚疏芬山（Sovereign Hill）淘金小镇

迪士尼乐园致力于打造的不是一个主题公园，而是一个游离在现实世界之外的梦幻王国，这也正是迪士尼最希望输出的品牌形象。乐园在建造过程中，不允许在乐园内看到任何与主题无关的建筑，将故事融入环境场景中、服务人员的角色扮演，这些沉浸式的体验方式令游客印象深刻。

迪士尼早在20世纪50年代开放第一座主题乐园时就有一个不变的理念，乐园内的所有员工都要恪守自己“演职人员”的角色，直到今天这样的理念都在依然执行。无论是乐园餐馆的服务生还是路边卖爆米花的售货员，他们为游客提供服务的同时也必须扮演好自己的角色，保证游客不会“出戏”。如果游客询问扮演巴斯光年的演员什么时候再出现，卖爆米花的小哥会微笑回答：“巴斯光年回家一会儿”。

所有角色的扮演者必须精准模仿角色在影片中的动作，运气好的游客会在梦幻城堡北侧的小路上碰到“白雪公主”或“灰姑娘”，在上海盛夏的骄阳下，她们举手投足缓慢优雅，拍照姿态和影片中一致无二。她们会微笑告诉你：“我就是白雪公主，我刚刚从前面的城堡出来散步，一会儿我就要回去吃晚饭”。这样的回答随处可见，米奇的回答永远是“我跑到这儿只是想吃点儿奶酪”。这是一个永不落幕的舞台，所有工作人员都要在这个舞台上扮演角色。很有趣的是，按照迪士尼的规定，乐园内绝不允许同时出现两个相同的“迪士尼朋友”，因为这容易让小朋友感到困惑（图1-31）。

图1-31　迪士尼动画人物扮演

四、实体商业展示

随着商业竞争的不断发展，“互联网+”时代的来临，商业展示的新观念、新做法层出不穷、更迭变化。琳琅满目的商场、专卖店等促成了人与商品间的对话、满足人们消费的需求、体验购物带来的乐趣。人们来到商店，并不是只为了买东西，而是在这个空间环境里，满足自身精神需求，得到心理、视觉上的满足。

随着网络信息时代的到来，零售业可以分为实体店与网店两类。实体店常见的类型有百货商场、购物中心、超市、专卖店、概念店、快闪店等。网店在网络中完成购物，也在发展中不断探索新的网络购物形式，更新着人们购物的体验方式。例如淘宝BUY+、微信、京东到家等等新型商业模式，层出不穷。

1. **百货商场、购物中心**　特点是功能齐全，集购物、餐饮、娱乐、休闲于一体。

电商云集的今天，传统的实体店铺面临租金上涨，消费者流失的境遇，开始寻求多元化整合的改革之道。

（1）多元化整合：最具体验性和能够提升商场品质的有三个业态：餐饮、商场影院、艺术展览。三者之间产生互动，它们的存在使消费者拉长在实体空间里的消费体验时间。商场开始以较低的租金吸引餐饮、影院、文化产业，以此吸引客流。这样丰富了商场的功能，顾客购物结束会去吃饭，吃完饭再去看电影，消费行为在商场内部形成了一个循环。很多商场内配备了演艺舞台、顾客休息区域、儿童玩乐设施、艺术展示，每周还会举办各种现场活动提升客户体验。有的商场还引入摄影展、画展，甚至有的有意思的培训和公开课也从学校走入了商场，如上海K11艺术购物中心，融合艺术·人文·自然三大元素体验（图1-32）。2014年3月，K11成功举办了一次莫奈展并获得良好凡响，淡化了艺术与日常、艺术与商业之间的界限。商业空间移植了美术馆和博物馆的一部分功能，使艺术品在有效距离接触性地被观看才能实现其最大价值，构成好的消费形态。

我们从这些变化可以看出，商场在从单纯的依赖餐厅和品牌商铺的同质化，过渡到引入多种形式的活动来提升品质感和内涵的多元化。埃森哲（Accenture）资讯公司2016年里发布了一项调查数据：未来计划更多通过实体店购物的消费者比例从一年前的18%攀升至26%；表示实体店“非常方便、方便购物”的客户达到93%，远高于网络和移动设备；谈及零售商最需改进的购物渠道，四成中国消费者认为是网购。这无疑是给了实体商业莫大的安慰。

（2）文创主题化：近些年，以文化创意为主题的复合型书店在世界正在掀起一场热潮，这种类型的商业空间，通常是有一个文化性的商业主体为基础，比如一个书店，按照传统模式只售书籍，经营起来是件不易的事情，但如果采取复合模式，将书店、咖啡、展览、服饰零售及美学生活等模式集于一身，不再单纯地只销售书籍，而是一个复合的消费空间，消费者可以在柔和的灯光下喝杯咖啡，用一点简餐，身边有许多特别的文创产品供挑选。这样一个混杂空间不但能够让图书消费者有更充分的体验，同时，这个业态也能够真的实现盈利。商业业态与文化创意元素的跨界混搭，为消费者提供了更高层次的消费体验。这类产品一般注重品质、注重设计、有情怀，是文化创意与商业的结合，它们强大的文化体验性是电商无法比拟的，受到年轻人的热捧（图1-33、图1-34）。

图1-32　上海K11艺术购物中心

图1-33　诚品书店

图1-34　日本茑屋书店

在东南亚地区，中国台湾是文创主题商业做得最出色的地区。自20世纪90年代末，我国台湾行政主管部门将文化创意产业列为重点计划以来，台湾文化创意产业的发展取得了显著的成绩，培育了诸多知名品牌，涵盖艺术表演、跨界美食、生活美学零售、主题咖啡馆、复合书店、文创产业园、特色民宿等多种门类。

仔细观察、分析这些优秀的文创商业项目，可以发现，他们都是商业与文化创意元素的融合，为消费者提供了许多新奇、混搭、多元的体验服务。

2．专卖店　专卖店定位明确，针对性强，是品牌形象的体现。专卖店注重从产品购买一直到售后服务的全程购买体验感，注重品牌名声，从业人员也具备专业的培训，并能够提供专业化的服务。这些都使得消费者越来越青睐品牌专卖店，认可其稳固的品牌形象、产品及服务。

专卖店的设计注重品牌形象的塑造，并将品牌形象延展体现在店铺装修的整体形象上。一个专卖店的设计包含店面风格、门头设计、橱窗设计、店内陈列布置、服装模特陈列、店内展示柜设计、灯光设计等的组合设计。合理科学地设计店铺环境，不仅有利于提高营业效率和营业设施的使用率，还有利于为顾客提供舒适的购物环境，满足顾客精神层面的需求，从而达到稳固和提升品牌形象的目的。

一般来讲，专卖店常用品牌标志色作为店面的主要色调，这是品牌色彩形象延续的一种基本做法。除此以外，专卖店还会有一些特定的具有代表性形象重复出现，这也是对品牌形象的不断强化。

专卖店对于品牌形象的营造，可以来看PUMA在伦敦、阿姆斯特丹、慕尼黑三地的店铺案例。

PUMA伦敦店的设计体现了该品牌创新、简约的风格。此次设计在遵循统一的品牌形象的同时，做出了大胆的创新。建筑外墙将红色的传统伦敦电话亭以涂鸦的形式喷绘在墙面上，并将这个电话亭以实物形式设置在店铺内部。伦敦地铁标志是伦敦这座城市的象征，设计师将PUMA与地铁标志结合，并配以白色真实比例的美洲狮雕塑。大型标识、醒目的红色品牌形象墙和木质吊顶，简洁明确的设计元素突出了品牌和空间重点（图1-35）。

阿姆斯特丹店的设计亮点是，在各楼层设有独立的鞋类展示区，其中一组由当地艺术家团体“the invisible party”创建，用老式汽车后视镜作为装饰的鞋类展示墙有趣地反映出地区特色，而灵感来自于很有意思的荷兰传统：将汽车后视镜安装在房子的门窗上，屋主就能看到是谁按动门铃。二楼有一片用旧自行车架焊接而成的装置作为照明系统，设计理念源于荷兰被誉为自行车王国（图1-36）。

而在PUMA慕尼黑店，本地元素体现在一个似乎有些“唐突”的形象——一间典型的高山小屋反映出简约和创新的店面设计概念，木屋材料来自巴伐利亚再生木材，同时木屋融入了PUMA元素，如红色门窗、带鹿角的美洲狮雕塑挂饰以及用PUMA美洲狮图案取代

图1-35　PUMA伦敦店

图1-36　PUMA阿姆斯特丹店

通常是圆形的门镜（图1-37）。在更衣室内，真实比例的美洲狮雕塑在欢迎购物者，红色地垫上印着“servus”德语“你好”。

图1-37　PUMA慕尼黑店

三店的店面设计保持了品牌形象的一致性，同时也分别有自己的地域特色，全新的空间充满着惊喜，使国际化的品牌获得了亲近本土的形象，反映出PUMA与消费者互动的热情，并创造出一系列令人难忘、极具地方特色的零售环境和全新的购物体验。

3. 概念店　概念店是升级了的专卖店，当一个品牌做到一定规模后，卖家就开始考虑更好地塑造自身品牌形象，概念店就是在品牌形象的展示和品牌文化氛围的营造基础上，加入了更多的创意理念和生活引导方式。在概念店的设置上，减少了直接售卖和推销商品的展示形式，增加了提供顾客体验产品的机会。看似不以销售为目的的设计，其终极目的仍是营销，消费者在概念店里感受到的商品的同时，逐渐建立起了品牌忠诚度（图1-38～图1-42）。

苹果公司作为一个全球型的企业，其店面的设计也是至关重要的，每个苹果店从内部来看，看似大同小异，却又给人以不一样的感觉。据悉，苹果公司已经在2013年将自己的商店内部布局申请了专利。位于纽约第五大道、上海浦东苹果店都有极具代表性的玻璃幕墙入口，苹果公司还为这些玻璃设计方案申请了专利，这都是视觉形象维持统一性和品牌独特性上所做的规范。

图1-38　苹果店

图1-39　苹果店内部

图1-40　苹果纽约第五大道店

图1-41　苹果上海浦东店

图1-42　苹果伊斯坦布尔店

4. **快闪店**　快闪店（Pop-up Store）是一种临时性的店铺，不同于以往固定店铺的销售方式。快闪店往往设立于人流密集但又不是固定于同一地点，一段时间的销售后店铺拆除，再去寻找新的地方搭建新的商铺。这样的销售形式在海外零售业已经不是新鲜词汇，它已经被界定为创意营销模式结合零售店面的新业态。尤其是在欧美，无论快闪店开到哪里，都会有一群粉丝追随到哪里。这种类型的销售形式成本低、形式灵活、新鲜感强、短时效应好，这些优点正在被国内的各类商家重视起来。

2003年，第一家快闪店由市场营销公司Vacant的创始人Russ Miller在纽约开设，出售Dr.Martens限量款。2004年，日本设计师川久保玲开设的Comme des Garcons快闪店让其快速走红，创造了销售神话。

事实上，快闪店从本质上来讲，同商场里的临时专柜、临时促销是一样的，但是快闪店善于抓住流行热点，注重内外的包装，把店铺设计成非常具有个性、时尚感强的艺术形式，汇聚了众人的视线，吸引着那些善变、追赶潮流的消费者前来消费。

各大品牌会利用快闪店，发布售卖新品或者限量款。比如CHANEL京都限定店，地点选在以历史文化丰富、古老遗迹闻名的京都，挑选一间传统町屋，搭配醒目、跳脱的红色。

在CHANEL自身设计风格基础上，融入了日本文化元素，产生了东西文化碰撞后特有的美感（图1-43）。

KENZO则使用一个蓝色波点复古造型车作为快闪店的主体元素，在概念上玩出了新花样，把此车作为流动咖啡吧，开启了城市间的巡回模式，引得众多粉丝争相合照（图1-44）。

图1-43　CHANEL京都限定店

图1-44　KENZO快闪咖啡车

在线翻译功能Google Translate推出十周年之际，Google（谷歌）在纽约曼哈顿开设了快闪餐厅（图1-45）。每晚都会由一个明星主厨带来地道的本国美食，而且连菜单也会相应更换成当地的语言。顾客只要拿出手机，使用谷歌翻译APP扫一扫食品包装、菜单就可以进行直接翻译点单。

图1-45　谷歌餐厅快闪店

2015年6月，超人气卡通形象LINE FRIENDS主题商店进驻K11购物中心，为迎接盛夏之季，店铺首次以“海滩生活”为装饰主题，从店铺装饰及陈列等在视觉上打造夏日沙滩度假风（图1-46）。

这一年里，LINE FRIENDS就用快闪店在中国赚足了人气与热情，快闪店成了各品牌实验自身受欢迎程度的快速、便捷的试金石，很快该品牌的咖啡店就在国内各大城市开始营业起来（图1-47）。

图1-46　LINE FRIENDS快闪店

图1-47　LINE FRIENDS主题咖啡店

除快闪店和开咖啡店外，即时通讯应用工具LINE的商业策略还有更多形式。2012年5月，一个巨大的国际邮政包裹送到2012丽水世博会的场馆。这个超大的纸箱是一个互动的线下体验项目展示，用于展示Naver的智能手机通讯应用程序（图1-48）。

盒子的内部是使用很多弹出对话框，让观者在三维真实空间体验一个智能手机应用中的传统二维虚拟界面设计，这是个有趣的体验形式。每一个内部的细节，包括内部的展台

图1-48　LINE的展示设计

图1-49　熊本熊快闪展

和标牌，都在强调纸板材料的纸箱概念。游客可以走进这个巨大的盒子里体验LINE的全面展示。

2016年12月，熊本熊中国巡游展在虹桥天地举办，此次“KUMAMON的中国巡游记·熊本宣传展”上海站，面积超过1000平方米，有5个展区，提供了超过50个拍照点，9款互动体验游戏，全方位地展示了熊本县的地理人文风貌，与LINE FRIENDS的模式相似，在用快闪测试完人气热度以后，熊本的咖啡店也很快地遍地开花（图1-49）。

快闪店是如今不景气的实体经济中冲出的一匹“黑马”。它凭借着其店铺设计的新潮、有趣，开设时间短，售卖最新或限量商品等诸多特色，吸引着许多人的目光，为品牌带来巨大的经济效益和宣传影响力，也为消费者带来全新的观感和体验。

五、网络虚拟展示

随着电商挤压实体店消费市场之时，实体店们纷纷开始走向O2O的转变，即从线下的实体转向与线上的结合。与此同时，电商们也开始意识到线上购物的缺陷，比如不直观、体验感差、购物流程比较复杂等各种问题，也纷纷开始做出迎合市场的改变，比如增加线下实体店配合作为补充，或者通过技术增加虚拟购物体验的真实感，等等。

1. 运用技术提升购物体验　VR技术的迅猛发展，为网络购物开了一扇新的大门，比如一个最近的案例，淘宝推出一个新的APP——淘宝BUY+，主要利用的就是VR技术，百分百的还原购物场景，大大提升消费者在网络购物上的体验（图1-50）。他们使用TMC三维动作捕捉技术捕捉消费者动作，触发虚拟环境的反馈，最终实现消费者与虚拟世界的人和物之间的交互互动。

图1-50　淘宝BUY+

淘宝BUY+利用VR技术，将购物过程从平面化的网页式变成了立体的、直观的、可以互动的购物模式，弥补了线上购物体验感不足的缺陷。虽然VR技术当前还在起步阶段，还存在有很多的缺陷和待完善，但其广阔的前景还是很值得期待。

2. 社交购物　传统网购的店主与顾客之间绝大多数都是不认识的，在购物时多是依靠网店的信誉度、商品照片来猜测商品的质量。而在社交购物的模式中，比如微信中的微商，就是基于社交网络平台进行的新型网络购物模式，朋友圈里的商家正是你真实生活中的亲人、朋友、同事，这大大增加了所售商品的可信度（图1-51）。人们也倾向于通过熟悉的人进行购买。再比如蘑菇街、美丽说，都是集社交与购物于一体的新型网购平台，消费者可以在平台上分享他人的商品和自己的购物经验，大家都可以互通有无，将自己的购物体验与他人分享，还可以一起讨论时尚潮流，在交流中消费者会获得最适当的购物选择，因此社交类购物网站在短时间内发展迅猛。社交类购物网站一是帮助消费者解答“买什么？在哪里买？”的问题，即具有导购的作用；二是用户之间或用户与企业之间有互动与分享，即具有社交化元素。

图1-51　社交购物

图1-52　顺丰嘿客

图1-53　京东到家

3. 线下与线上结合　为了改善线上购物体验感不足的缺陷，现在各大电商都在增加线下实体的铺设，形式各有不同。

比如顺丰推出的"嘿客"，店内的海报、二维码墙放置虚拟商品，可以通过手机扫码、店内下单购买，其模式与英国最大的O2O电商Argos十分相似。不过与Argos不同，"嘿客"除试穿试用的样品外，店内不设库存（图1-52）。

"京东到家"整合所在位置周围的各类超市产品、生鲜、外卖等上千种商品及服务，比如消费者在网页上可以买楼下水果店的水果，然后水果店也会很快送货上门（图1-53）。这样的平台为消费者提供了2小时内快速送达的全新O2O服务，打造生活服务一体化平台，将遥远虚拟的网上世界与真实周边生活环境契合。

当然，电商们各种线下商业模式的尝试，都是在探索的过程，也许他们会经不住消费者的检验而被迅速淘汰，也许能获得消费者的追捧，而形成线上电商们新型而稳固的线下有益补充。

第四节　商业展示设计的可持续发展

著名生态建筑师威廉·麦克唐纳（William McDonough）在他所撰写的有关生态建筑的书中讲述了一个"樱桃树"的故事：樱桃树从它周围的土壤中吸取养分，使得自己花果丰硕，但并不耗竭它周围的环境资源，而是相反，用它洒落在周围的花果滋养周围的事物。这不是一种单向的从生长到消亡的线型发展模式，而是一种"从摇篮到摇篮"的循环发展模式。这种"从摇篮到摇篮"的循环发展模式，就是"可持续发展"。

在人类漫长的设计史中，各个行业的设计皆为人类创造了现代的生活方式和环境。

但同时，这些行业的发展加剧了资源、能源的消耗。正是在这种背景下，设计师要重新思考，如何兼顾环境的保护，又不牺牲优秀的设计方案，这正是设计师的社会责任心和道德的回归。

可持续发展是一个全球性的话题，也是所有展会参与者、设计者的责任所在。盲目地大拆大建不仅对环境产生巨大影响，造成环境负担加重、二氧化碳排放量增加、温室效应加剧等问题，同时也会导致人力、物力的极大浪费。所以不论是大型、持久的博物馆、美术馆，还是小型、短期的展位设计、橱窗设计，都必须考虑环保问题。可喜的是，今天人们对可持续发展的理解，已经不仅仅停留在3R[1]的标准之上，它已经成为一种社会使命感、责任感的体现而存在。甚至在某些展会中，展台能耗标准已经成为衡量是否具有展览资格的一项指标。

一、模块化的再利用

目前很多的展台设计，会采取定制模块组件的方式，使展台可以不断循环利用，从而延长了展台的使用周期，达到节省能耗的目的。比如在展会中，一般从材料进场到最后撤展大约都在4～5天的时间，这样紧凑的时间内，想要完成高效、快捷、有序的展示工程，确实不是件容易的事。最基本的比如金属桁架、标准化展具，都采用了规范化、成型化的方式，大型的场地搭建，都可以通过单元的不同组合而成，大大提高了工作效率，缩短了施工时间，保障了最终的质量。

德国电信（Deutsche Telekom）的展位设计，使用桁架搭建基本框架，创造性地使用品红色宽幅布条缠绕桁架，既起到了空间围挡的作用，又达到创新性的视觉效果。布条的红、展台的白、桁架的黑，三色的搭配营造了简洁、醒目的空间环境，并且桁架和布条部分都是可以再次利用，成本会相应降低（图1-54）。

二、绿色环保材料的应用

注重生态系统的保护，依靠可再生资源、材料的环保再利用等方法，正在被人们所提倡和接受。设计师不仅要作为引领“低碳生活”的倡导者，更要有助于建立良性循环的商业空间生态体系。

现代商业展示过程中带来的“光污染”“空气污染”已经引起了人们的重视，所以设计者们已经选择少使用木质一次性展具、化学黏合剂等材料。绿色环保已经不仅是一种义务，也是每个设计者的使命和责任。

墨西哥的著名设计师胡安·卡洛斯·鲍姆加特纳（Juan Carlos Baumgartner）是绿色建筑设计的倡导者，他在空间设计中废弃物的再利用时做了这样一个案例，将Volaris航空

---

[1] Reduce，少量化原则；Reuse，再利用原则；Recycle，资源再生设计原则。

图1-54　德国电信展位设计

公司废旧的飞机机舱用到办公室设计中去，既实现了废物的利用，又为空间增添了别致的、可激发人们创造力和想象力的元素。

印度设计师卡然·格鲁佛（Karan Grover）设计的拉博银行总部会议室，大量运用环保的、朴素的瓦楞纸板和日本纸作为建筑的墙面装饰材料，营造出独特的视觉感受。会议室墙面使用层层堆叠的瓦楞纸板，覆盖了整个墙体，无论色彩还是形式上都如同钱币的感觉，让人耳目一新。另一个厅是使用半透明的日本纸包裹，环绕天花板上的圆形天窗，营造出明亮、自然的感觉（图1-55）。

BIOBIZZ公司是荷兰一家出售有机园艺产品的公司，为了使展台的设计符合公司特点，并彰显公司新形象，设计采用了纸板、木材、织物等天然、可回收的材料，将展台打造得简约清新、自然纯朴。由纸板打造而成的圆顶，形状来自BIOBIZZ公司的标志，悬挂于顶棚之上，即使在远处也可以一眼看到，极易辨识。圆顶之下的空间，既可以展示各类产品，又可供观众休息互动（图1-56）。

图1-55　拉博银行大厅

图1-56　BIOBIZZ移动展台

三、新型传播形式的采纳

社会科技的飞速发展，使得信息的传播越来越多是通过数位媒介来实现。生动的画面、灵活的展示形式，大大提高了信息的传播有效率，与实体的展示形式配合使用，无形中节约了物料的使用，减少了浪费。比如前文提到的虚拟现实（VR）技术，已经可以做到将整个展示空间都虚拟化，完全不需要有任何实物的使用了，这门新兴技术必将改变我们生活的方方面面，也将颠覆展示设计的传统方式（图1-57）。

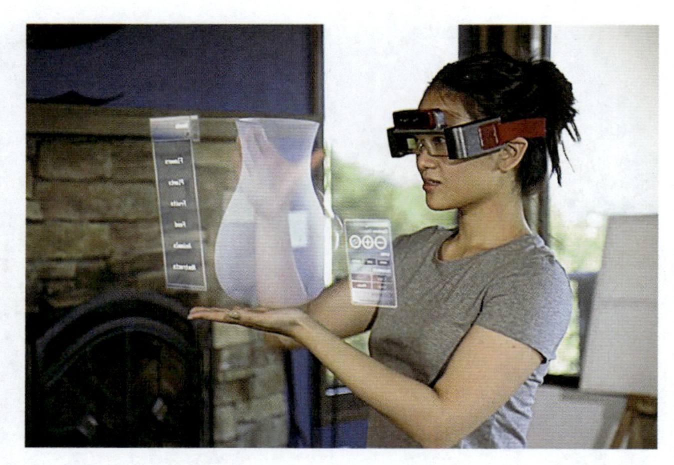

图1-57 虚拟现实展示

对于展示设计而言，虚拟现实技术仍然是一门较新的技术，它的缺陷在于实际投入运营中的成本高、造价高，需要大量的技术支持。但从虚拟现实技术的前景和发展来看，它将是未来展示设计发展的一个重要方向。

就空间环境的可持续设计而言，其核心就是"3R"原则，即在设计中遵循少量化原则（Reduce）、再利用原则（Reuse）、资源再生设计原则（Recycle）。可持续设计不是视觉风格上的改变，而是设计策略上的调整。通过设计，要能够确保我们归还环境的比从环境中索取的更多。这就要求设计师要从长远考虑，并且具备以上系统的生态设计观念。

思考与练习

1. 理论题

（1）简述商业空间展示设计发展的起源与概况。

（2）简述商业空间中展示设计的特点。

（3）简述商业空间展示设计的不同类型并举例说明。

2. 操作题

实地考察附近商圈，并拍照分析，对不同类型的店铺空间进行分类和分析，总结其空间设计的特点。

商业空间展示设计的构成要素及基本原则

课题名称： 商业空间展示设计的构成要素及基本原则

课题内容： 空间营造

观众视角

展品陈列

平面设计

品牌形象

课题时间： 12课时

教学目的： 使学生了解商业空间展示设计中的构成要素及基本原则。

教学方式： 讲授法、讨论法、演示法、任务驱动教学法。

教学要求： 1.掌握空间功能分区的方法和流线设计的方法。

2.了解以人为本的设计理念，掌握人体工程学、环境心理学的各项知识点。

3.掌握商品陈列的方法和原则。

4.理解空间中平面设计和品牌形象统一的重要性并掌握设计的方法。

第二章　商业空间展示设计的构成要素及基本原则

随着社会的发展，消费者的购物行为不再是仅仅满足“物质的获得”，而是在此基础上获得“精神的满足”，商业展示的设计不仅仅是物理环境、空间视觉环境的设计，更是心理环境、文化环境的设计，以帮助消费者实现在商业空间环境中的物质、情感间的相互交流。

一个良好的商业展示空间是空间、人、展品之间良好的共同关系的营造。人作为主体，在空间中获得物质和精神上的需求，而空间为展品提供了“存放的空间”，同时，物体也是空间的构成部分，人与不同空间、展品的互动交流，造就出风格多样的商业展示空间来。

设计师如何用设计的手段与大众交流沟通，如何用展示的三维空间传达有效信息，收获与观众间的互动。本章中，我们会分别从空间营造、观众视角、展品陈列、平面设计、品牌形象这五方面，逐一阐述商业展示设计的构成要素及其基本原则。

第一节　空间营造

一、商业空间展示设计的功能空间组成

商业展示空间依据不同的规模、形式，会有不同的功能分区需求，例如商业会展、博物馆、展览馆，与复合型商场、专卖店的具体功能分区都不尽相同，但都可以大致分为主要空间和辅助空间两大类（图2-1）。

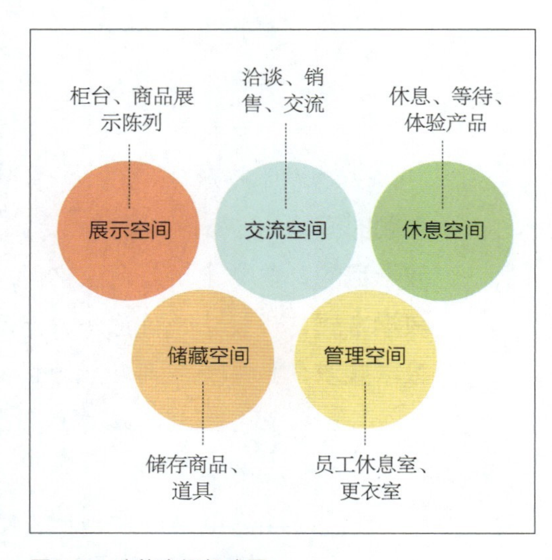

图2-1　功能空间组成图

1. 主要空间（用于展览、陈列、销售、交流）

（1）展示空间：展示空间是最重要的区域，主要是用于展览、陈列、销售，需要放置在最醒目的位置上。这是与客户直接接触的区域，因此这个区域的设计既要满足产品

的销售要求，又要实现对不同区域顾客购买行为指引的功能，设计风格可以是后现代的，或者是简约的，都要取决于整体空间设计风格的配合，保持与整体空间的协调统一。

（2）流通空间：为确保展示空间中，人流和物流的畅通，确保参观过程的流畅性，我们需要设置合理的流通空间。如商铺的入口处、店铺中的通道，这都是流通空间。

展示空间与流通空间（包含通道和休息区）的比例关系根据空间性质、所展示内容和观众人数等因素的差异而不同。在一般的商铺空间中，流通空间多为展示空间的3倍，以营造舒适、轻松的环境。观赏性的美术展中，流通空间要达到展示空间的4倍。专业贸易型展会中，商家众多、信息量庞大，流通空间只是展示空间的1~2倍。在展示空间中如果有大型展品或巨幅悬挂，流通面积要相应大些；如果是展出的都是精致的小型展品，流通空间要相适应地缩小些（图2-2、图2-3）。

图2-2　美术馆、展览馆中的流通空间与展示空间

图2-3　商业展会中的流通空间与展示空间

（3）交流空间：在技术与商贸性质的展览会中，必须为洽谈、交流活动准备一定的空间，可以是敞开式的，也可以是封闭式的（图2-4）。封闭式确保了环境的相对私密和安静；而敞开式方便观众观察四周，另一方面也显示了该展位的受欢迎程度。

图2-4　交流空间

2．辅助空间（用于休息空间、储藏空间、管理空间）

（1）休息空间：专卖店一般会在毗邻售卖的区域设置休息区，供顾客体验产品、休息、等待，休息区的设置既体现商家对顾客的人性关怀，又为顾客进一步了解产品的企业文化、商业资讯等提供了机会，从而间接促进销售。成都言又几书店休息区，太空舱式的咖啡茶座区，风格与书店整体风格保持一致，读者可以在这里休息、品咖啡、阅读，获得更好的书店体验（图2-5）。

图2-5　书店休息区

而参观博物馆通常消耗时间长，为降低观众的疲劳感，博物馆往往会每隔500~800平方米设置一间观众休息室（或休息区）。在大型展会上，一般也会在合适位置设置休息区，以保证观众能够维持体力。

（2）储藏空间：在展厅和商业会展中，一般会考虑就近存放道具、宣传品的小空间。如利用展墙夹层，展柜底座来设置储物空间，以方便展示区的维护和使用。

而专卖店主要进行产品的售卖，因此需要储存大量的商品。储藏方式一般分为两种，一是直接存储在展架、展柜中，不需要额外的空间摆放，例如日用品店、饰品店等；二是若货物过多，会有单独的储物室，这部分的储物空间占总面积的5%～10%。

当商品种类和数量较多的时候，一定要有足够的仓储空间，以便于货品的补充。另外，储藏区和配货区的位置要相邻，且紧靠出口，以便货物在销售区和储藏区的运输。

（3）管理空间：专卖店的管理空间包含店长室、员工休息室、更衣室、职工用卫生间等。顾客在进入卖场后，一般情况下就停留在售卖区，而管理区是提供给商场工作人员的区域，因此这个区域的设计相应要隐蔽些，要有良好的光线和自然通风渠道，设计相对简约。

不同的功能空间有的需要开敞，有的需要封闭；有的是公共的，有的是私密的；有的是动态，有的是静态。不同的功能空间会向消费者传达不同的信息，给他们带来不同的感受，各异的空间组合形式会对宣传企业形象、突出企业特点有着直接的影响。

所以，设计师应该对各空间的具体需求进行全面的分析，结合各功能空间的特点和使用要求，考虑采用什么样的空间组织方式，处理好各空间之间的关系，按照功能需求将所有空间有机结合，形成统一、和谐、流畅、合理、导向性强的室内空间体系（图2-6）。

图2-6 “幸福9号”老年健康中心的功能分区安排（单位：mm）

3. 商铺功能空间设计原则　店铺的门头、橱窗、店内陈列，是展示和通道功能空间中的重点设计内容。合理科学地设计店铺环境，不仅有利于提高营业效率和营业设施的使用率，还有利于为顾客提供舒适的购物环境，满足顾客精神层面的需求，从而达到提高销售的目的（图2-7、图2-8）。

图2-7　上海FACTORY FIVE店铺

图2-8　隈研吾作品：大阪Lucien Pellat-Finet高端羊绒服装店

（1）入口设计：

①引导作用：一个商业店铺入口设计是首要应该考虑的区域，具有疏导交通、引导客流的作用。通过观察我们可以发现，一般吸引消费者的商店都是明亮、整洁的，入口处更是如此。受光的亮度吸引是人心理的一个习性，具有诱目性（即易被人注视和感知的特征），所以可以通过装饰聚光灯、橱窗、灯箱、招牌、装饰物及新颖，奇特的造型等方面的创新设计，尽量使门前变得明亮，创造气氛，吸引顾客进入卖场并对内部陈设的商品产生兴趣和购买欲望（图2-9）。

商铺入口的位置又是人流汇聚的中心，所以入口应尽量宽敞，并留有足够的缓冲空间，以保证顾客进入方便和疏散顺利。流线设计应结合店铺空间的整体布局来设置，避免出现顾客不光临的“死角”，设计出具有引导性的动态形式。有时入口与橱窗结合，能够形成更加强烈的视觉冲击。

图2-9 马德里一家素食餐厅

②考虑周边环境：其实，建筑周围的地形地貌、道路模式、空间环境、气候风向等一系列环境因素，都是影响入口与门头设计的因素之一,一方面店面应当从纷乱的环境中凸显出来，另一方面，还要适度融入周围的大环境氛围。

在纷繁的商业街中，较大的店面因为体量上占优势，无论是单一的造型，还是复杂的造型，都足够引起观众的注意。而较小的店面，则需要更多考虑如何让店面更醒目跳脱，才可以引起行人的注意。

因此在设计时，一般会让店铺与周围环境有一定的对比，才能够在众多的店铺中脱颖而出（图2-10）。

（2）不同的入口形式：

①封闭式：一般珠宝、高级仪器、照相器材的店铺会采用这样的入口形式，临向人行道的门面，会多使用橱窗或者有色玻璃将商店遮蔽起来，店铺装饰外观豪华，营造私密感和尊贵性，可以赢得购买者的信赖，使他们获得优越感（图2-11）。

②半开式：经营高档商品的店面，由于不能随意进入过多的顾客，因此入口处比封闭店面的要大，从外部可以看到店铺内部。百货商店和服装店常采用半开型入口。

③敞开式：即店铺的入口完全敞开，不设橱窗或小面积橱窗，一般的简餐、奶茶店多用这样的入口形式，顾客从店外可以看到全部的内部情况，方便其选择购买。一些快销服装品牌也多采用这样的入口形式，方便人流的大量进出（图2-12）。

图2-10　入口处的设计

图2-11　封闭式门头—雪花秀首尔旗舰店

（3）店内陈列布置：内部空间的陈列与布局，是指陈列商品用的展架、展柜、展台等，进行有序的搭配组合，形成合理、有效的通道布局。其分割场地、放置物品的实用功能是第一位的；其次是形式的美感。另外，还要考虑其灵活性、多样性，要灵活搭配使用。它们的造型、风格、色彩、材质设计的优劣直接影响整个空间的审美效果（图2-13）。

图2-12　敞开式的门头—AND A横滨零售店

图2-13　店内陈列布置

展示道具的布置，是专卖店空间布置的主要内容。由货柜、货架构织成的通道，决定着顾客的流向，不论采用垂直交叉、斜线交叉、辐射式或自由流通式等布置方式，都应为经营内容的变更而保留一定的灵活余地，以便随需要调整货架布置的形式。货架之间的距离应保证客流的通畅，一般来说，通道控制在1.2～2米间比较适宜。

①直线型：指按照营业厅的梁柱的结构，把每节柜台整齐地按横平竖直的方式有规律

地摆放，形成一组单元的柜台布置形式。其优点是摆放整齐，方向感强，容量大；缺点是较呆板，变化少，灵活性小（图2-14）。

②斜线型：指商品陈列柜架与建筑梁柱或主要流线通道布置成一个有角度的柜台形式。其优点是活泼，有一定的韵律感；缺点是容量相对较小，异形空间较多。

图2-14　直线型布置

图2-15所示的书店设计，主题围绕着“书”的各个元素，产品展示柜是一本本平放的书本、展示架是竖立的图书、巨型书籍归类的书签，以及整个书店的亮点——顶部飞行的书，让这家书店在整个卖场脱颖而出。展架、展柜、展台搭配合理，展示角度丰富，兼具实用性和美感俱佳。

图2-15　某书店斜线型布置

③弧线型：指将展柜、展架、展台设计成弧形、曲线形的摆放式样和造型的陈列方式。其优点是活泼、动感强，缺点是占用空间较大。

在实际运用中，多种陈列形式互相穿插布置，才会创造出灵活多变、活泼创新的空间形式。不同的商品采用不同的陈列方式。总之，只有把握商品陈列摆放有序、主次分明，视觉效果好、便于顾客参观选购的原则，才能设计出好的空间布局。

例如杭州钟书阁书店的设计（图2-16）。进门大厅处一个纯白色的树林空间，跳脱出周围的环境。这些白色的树林是由一支支圆形的书架柱构成，白色立柱承载着书籍，掘地而起直冲天际，天花镜面的使用，使空间显得更加高深。墙面的镜面又在横向维度上把空间扩大了一倍，如此让整个书籍树林空间像真实的自然一样无界。这部分空间书架的摆放使用折线形，呈现自然、轻松的氛围（图2-17）。

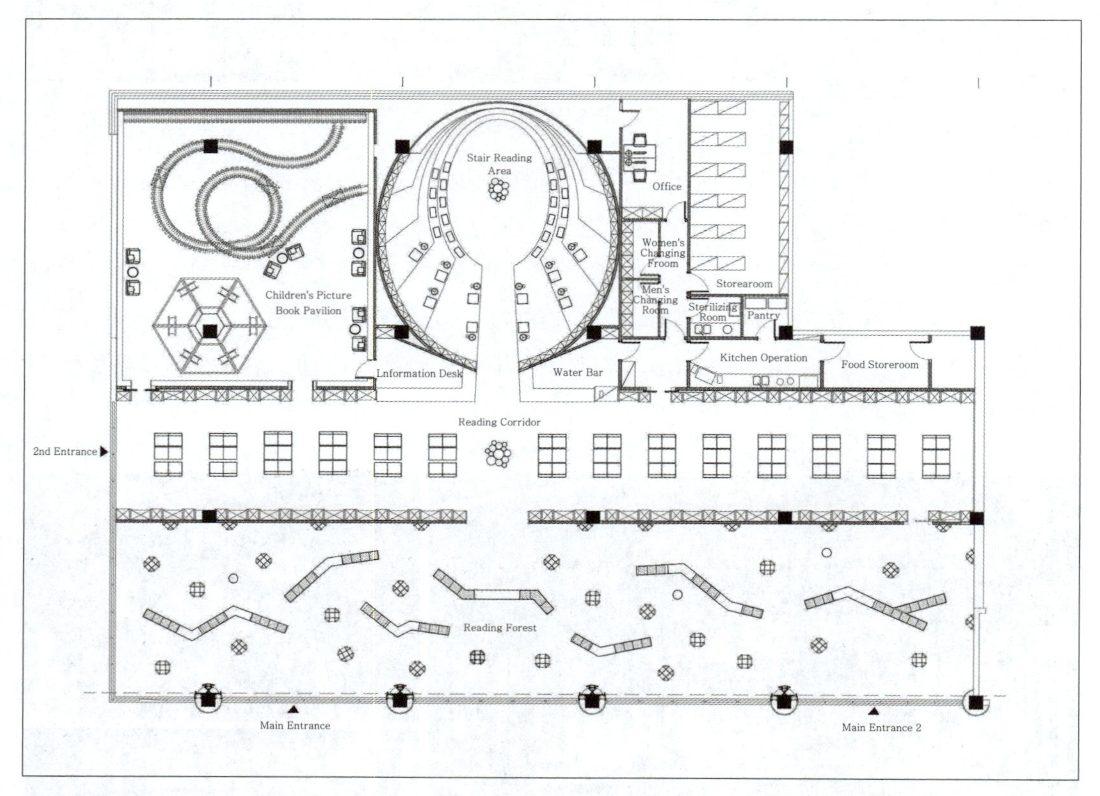

图2-16　杭州钟书阁书店（平面布局）

图2-17　杭州钟书阁书店（白色森林区）

书店中间，一个幽静的读书长廊迎面而来，整面的书架向着端头无尽的延伸。阅读的桌椅使用直线型的布置方式，使空间显得更加严肃、安静。深浅两种颜色书架进退有序，犹如横看成岭侧成峰的山岭，无声地向我们传达着知识所带来的力量（图2-18）。

书店最里面是弧形阶梯阅读区。圆形天光从镜面天花上倾泻而下，环抱式书架一道道如旋涡的灯带，这里俨然如剧场一般，仿佛即将上演一场旷世大剧，而个中角色则由爱书之人出演：或坐于软榻，或立身书架旁。这个阶梯阅读区既可以阅读又可以举办读书会满足围坐形式的交流（图2-19）。

图2-18　杭州钟书阁书店（读书长廊）

图2-19　杭州钟书阁书店（弧形阅读区）

最天马行空的是儿童阅读区，这是一个书籍的游乐场，设计师用游乐场的设施艺化成书架，旋转木马、过山车、热气球和海盗船让孩子们有种置身在游乐场中一样快乐的阅读感受，由星系地图绘制而成的地板不仅激发着孩子们的想象力，又寓教于乐地告诉他们星系的知识（图2-20）。

图2-20　杭州钟书阁书店（儿童阅读区）

二、流线设计

1. 流线设计的概念　流线是指人在空间中的运动轨迹，流线的设置需要考虑功能分区、空间内的内容布置，确保导向明确，通道空间充足，区域布局合理。

在设计时，设计者不能只通过绘制平面图的方式来确定动线，而是应该在脑海中不断模拟不同人流、物流在室内行进的路线，不断地分析其可行性，设想各类功能产生的程序以及相互关系，就像导演一样，为顾客设计怎样进入这个空间，怎样在空间中走动和停留，会产生怎样的诉求，人与人之间会有怎样的交流，顾客最终是否会印象深刻，或是最终是否决定购买商品，这一全流程都应该在设计者的考量范围内。

2. 流线设计的原则与种类

（1）流线设计应符合场所精神：比如商业空间的流线设计要考虑顾客流线、服务流线、商品流线。流线的设计不仅要符合人体工学的空间要求，还要考虑人流交叉、家具的布置等因素。流线通道的宽度是根据商品的种类、性质、顾客的人流和数量来确定的。设计者应以计算结合实践经验，避免通道的过宽或者过窄，既避免交通混杂、确保人流安全便捷地通过，又不至于产生空旷的感觉。良好、高效的流线设计能引导顾客按设计的自然走向步入展示空间的每个角落，以接触尽可能多商品，消灭死角和盲点，使观众进入场所的时间和展示空间得到最高效的利用。

博物馆、美术馆、展览厅等类型的展馆，多采取单向、序列性参观流线，他们会根据文字内容、展示内容、时间序列这些逻辑性比较强的要素，来安排行进路线，这一类的路线具有明确的导向性，参观者也会按照顺序，走完全部的路线（图2-21～图2-23）。

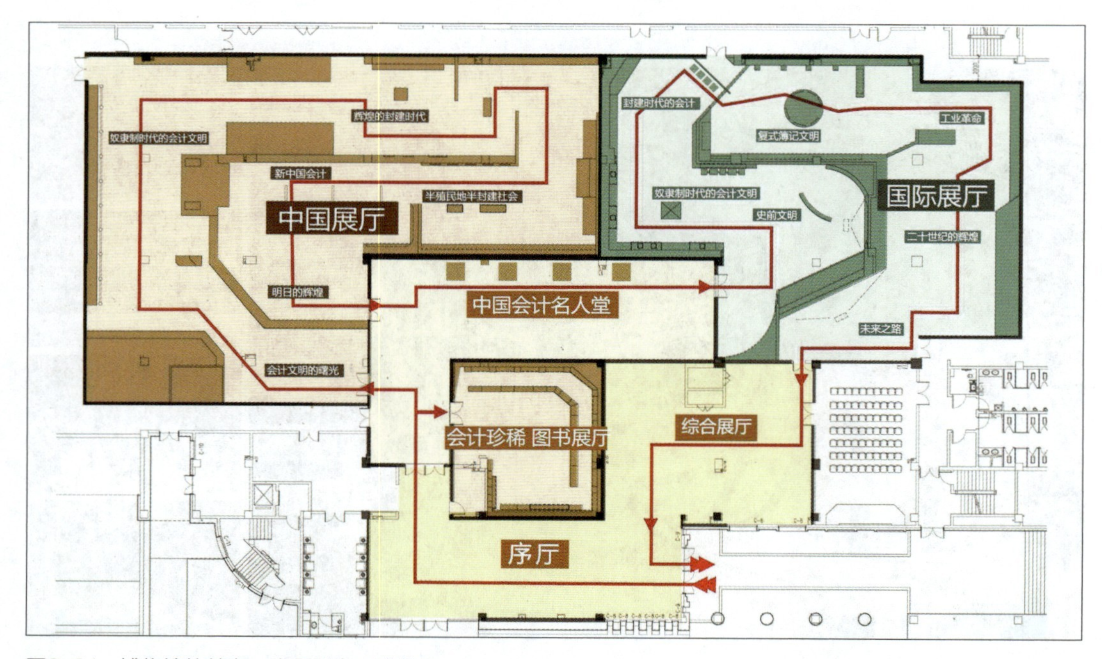

图2-21　博物馆的单向、序列型参观流线图

而大型的博览会、展览会这些类型的展会，多采取自由方向、开放式的参观流线。各个展区之间不分先后、不分主次，通过分区、切块形式、自由组合、随意走线的方式，给人以随意、开放、轻松的感觉。但在每个独立展位的参观流线，仍应确保明确、有序，保证展区空间的和谐关系。设计中也要确保观众能够完整、轻松地看完整个展览，而且要避免观众无法看完全部展览或是走了重复的路线（图2-24）。

图2-22　美术馆的单向流线图

而在商业店铺这样的地方，如品牌专卖店、便利店等场所，人流动线的设计需要符合所在场所的精神。应当采取相对自由，开放的人流动线设计，给人以随意、轻松的感觉。但也要确保流线设计的合理性，不要出现顾客不会光顾的“死角”。

图2-23　某展厅单向参观流线图

例如这间名为“隆小宝”的面馆，面积只有50平方米，整体布局合理，通道宽窄适宜。进门处首先为等位区和点餐台，点好餐后顾客就可以右转进入就餐区。而厨房设置在点餐台后方，方便菜品出入并与顾客的流线分流。很好地满足了食客、服务人员的各自流线，使室内空间紧凑而不局促（图2-25）。

图2-24　某展会的现场自由式的参观流线

在装饰风格上，门头处使用竹子倒模浇筑的混凝土外立面，冷静而特立独行。进门后就是前台，嵌缀着曾用于浇筑混凝土的竹模，与外立面相呼应，水泥素墙衬托着由橡木盒子和点单屏幕组成的背景墙。右转步入用餐区，层层叠叠的铁架子与一束束细密的钢丝“面条”呼应着，形成了粗糙质朴和细腻精致的对比，充实了整个空间，灯泡的微微暖光，成为整个空间的亮点。每一处的细微用心都是为了引起顾客在晾面架下进餐的诗意联想。

（2）视线和焦点：视线与焦点是在立面上影响着流线设计的关键因素，流线不仅仅要考虑平面的布局，也要考量立面上的视觉效果和创造视觉焦点。

人们在通过一个展示空间时，对两边展墙的信息有不同的反应和浏览程度，从中我们可以看到人们获取信息的不同情况。在设计时，可以根据数据分析人们视线的变化情况，更好地安排流线（图2-26）。

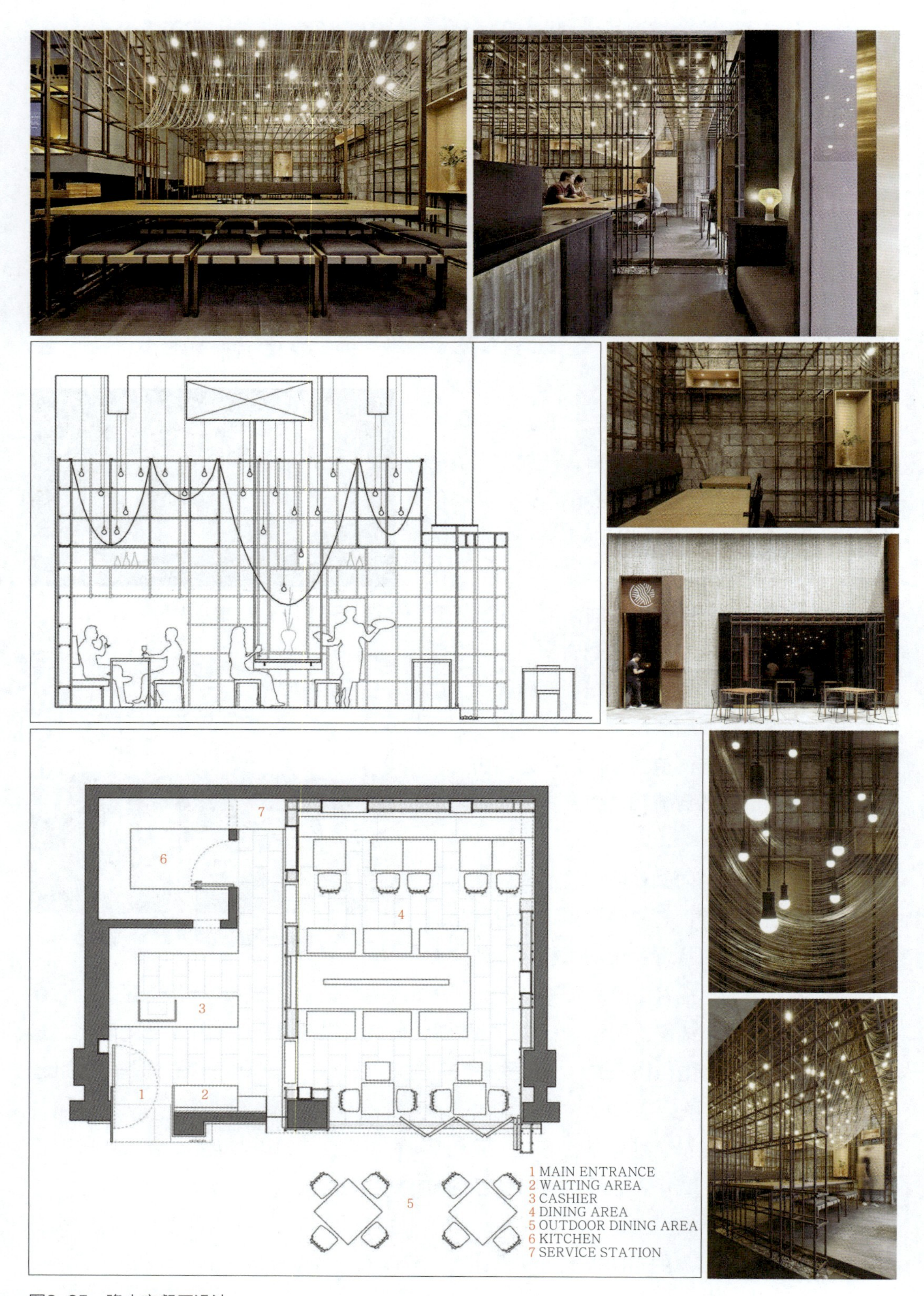

图2-25　隆小宝餐厅设计

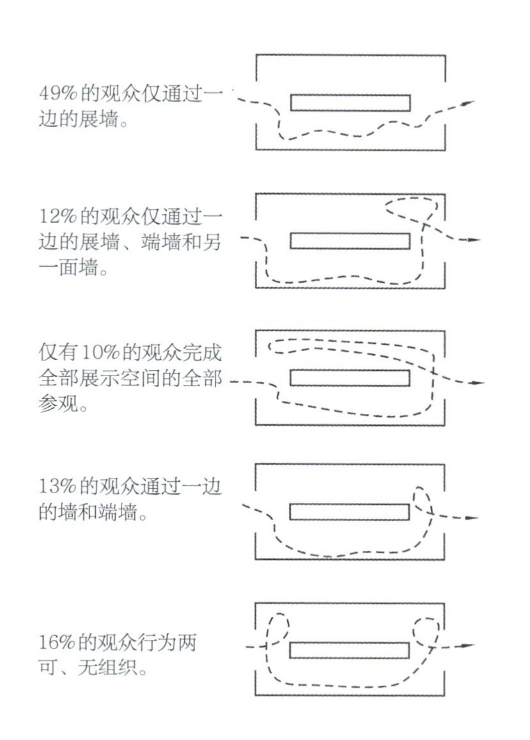

图2-26　观众视线、流线分析

图2-27　店铺内视觉焦点

进入店铺以后，消费者将面临几种选择，向左走、向右走、向前直走还是转身离开。如果他们没有离开，零售商们的任务就是帮助他们选择浏览店铺的路径。视线和焦点将引导他们浏览店铺，视线是引导消费者前往特定区域或特殊商品的假想路线，能立即抓住眼球的就是焦点（图2-27）。

在超市里，视觉焦点会常常被应用，货架的位置也是经过精心设计的。例如，乳制品的位置与清洁用品邻近就是经过精心设计的，这样不仅可以方便消费者选购，还可以带动销售。牛奶和鸡蛋等主要食品不会放置在最方便消费者取到的超市最前端，它们往往被放置于店铺的中心或靠后的位置，让消费者在寻觅这些常需商品的时候会经过其他的商品，并有可能选购额外的商品。货架的两端常被用来制造额外的销售，通常被用来搞促销活动。这些黄金位置一般位于走道客流量最大的地方，陈列一些日常的商品以吸引消费者的注意力（图2-28）。

图2-28　超市中的视线与焦点

焦点可以是店内的一处陈列，一组精心陈列的商品或者是一个特色展示、一个品牌标志。同时，焦点位置设计要考虑人的视线可及范围，因此视线焦点位置区域最好不要被大型的陈列设备或墙面等遮挡（图2-29）。

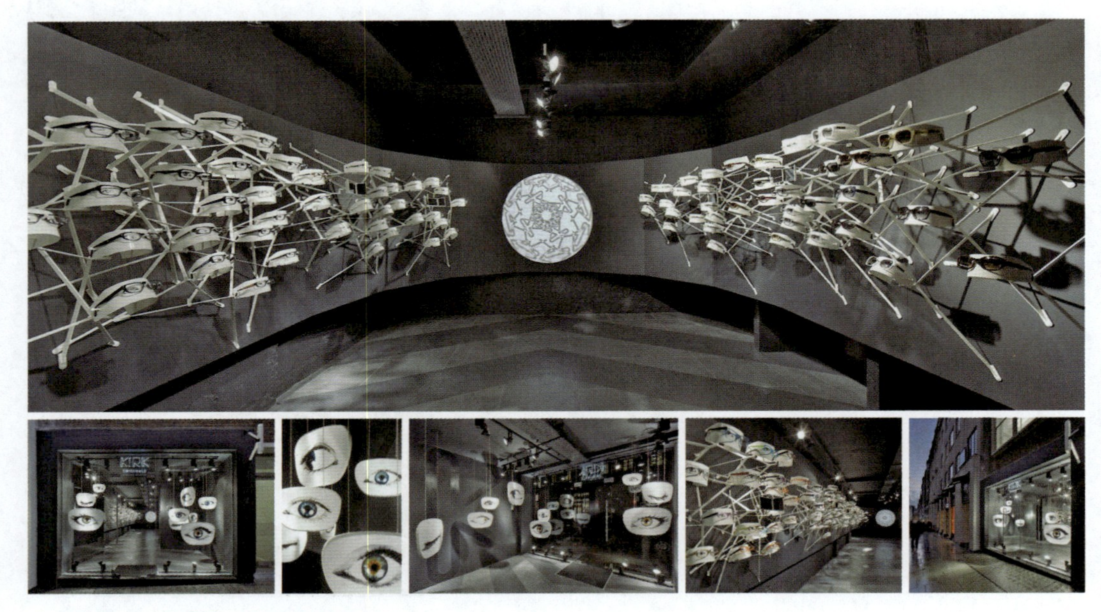

图2-29　kirk眼镜店—制造视觉焦点

（3）通达性要求：根据人流交叉、家具的布置、商品的种类、性质等因素确定通道宽窄和到达空间的便利性。

比如在50~100平方米的专卖店中，通道宽度的标准为1~1.5米。可以通过设置货架或柜台来调整道路宽度。同时收银台、服务台周边、主打商品展示区的通道宽度需更宽敞些，以便应对消费者动线的改变和停留。

3. 流线控制设计　控制观众的流向、流速、布展方式是展示空间设计成功与否的关键。

（1）流向控制：观众对展览顺序的方向选择，一方面是根据自身爱好、兴趣；另一方面是取决于布展空间的开放性和封闭性。对于逻辑性较强和顺序性较强的展品，可以采用封闭式的空间形式，使观众只能从一个口进、从另一个口出。即使观众对部分展品不感兴趣，也只能加快速度前进，不能反向行走；反之，就可以采用开放式的空间形式，让观众可以自由选择。

人的视觉习惯和人的行走习惯都是按顺指针移动的，陈列展品和展示信息时，一般应尽量按顺指针方向安排参观流线（图2-30）。

（2）流量控制：人在空间开阔的地方比较容易停留，设计师可以根据这个习惯，通过控制展线通道的宽度来调节观众流量。对展出的重点内容，展示空间可以留多些，对于次要的展示内容，通道可以相应窄些（图2-31）。

图2-30　三星电子产品展位（流向的控制）

图2-31　人流的流量

（3）流速控制：同流量控制一样，可以通过调节展品前的空间大小，或增强导向系统的刺激强度，促使观众尽快流向下一个位置。在通道窄的位置，人们会选择快速通过，而在开阔的空间里，人们会选择驻足。所以，设计中应当把重要的展品和信息放置在开阔、醒目的地方，而不应是在通道中（图2-32）。

4．参观线路的制定　参观线路的形式是多种多样的，常见的有线性布置、中心布置、网络布置、散点布置法的方法，但在实际运用中，多是混合布置的方法（图2-33）。

（1）线形布置法：即将体量或功能性质相同的或者相近的空间，按照线性的方式，排列在一起，可以产生一种简单清晰的参观路线。一般在博物馆、美术馆中比较常见。需要

图2-32　流速的控制

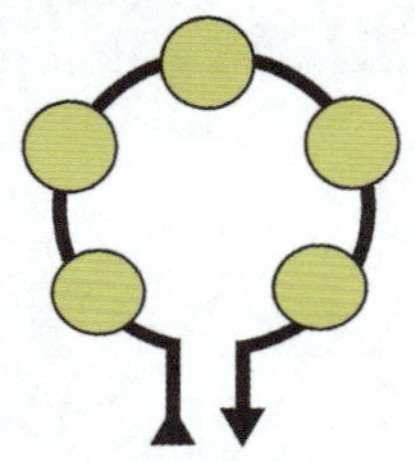

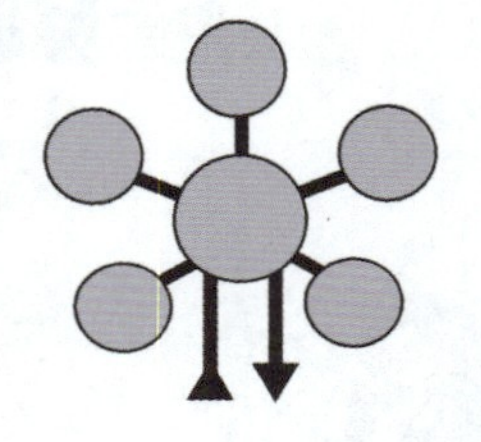

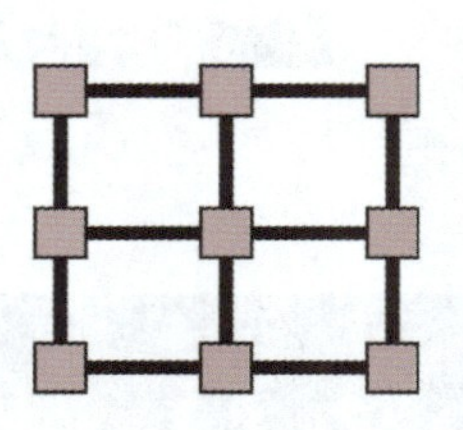

图2-33　四种流线布置

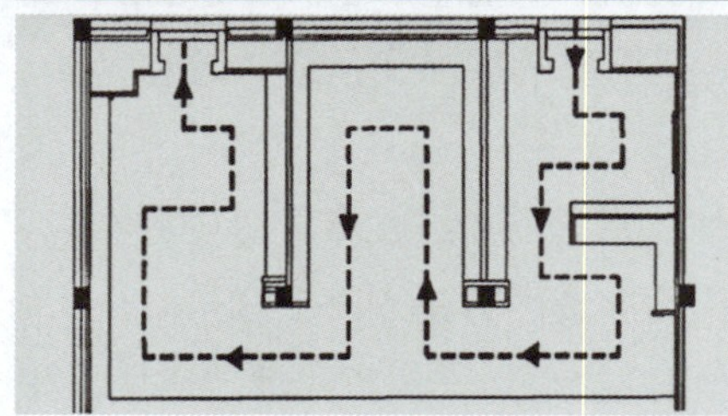

图2-34　线性布置法

注意的是线形布置的方法一般需要占用大量的流通空间，所以要确保在甬道较宽的情况下才可以采用此方法（图2-34）。

宜家家居在流线的设计上就采用的是单一流线的形式，任何一个在宜家家居店内的购物者，若不按照其指定的路线浏览，就会感觉不能顺畅地参观。一旦顾客进入店铺，他们就别无选择，只能按照导线图来逐步参观，这样才会沿着线路经过无数的能给他们带来家居灵感的样板间，并最后到达仓库提货（图2-35）。

（2）中心布置法：指采用向心式陈列的方法进行布置。一般由一个占主导地位的中心空间和一定数量的次要空间构成，以中心空间为主，次要空间

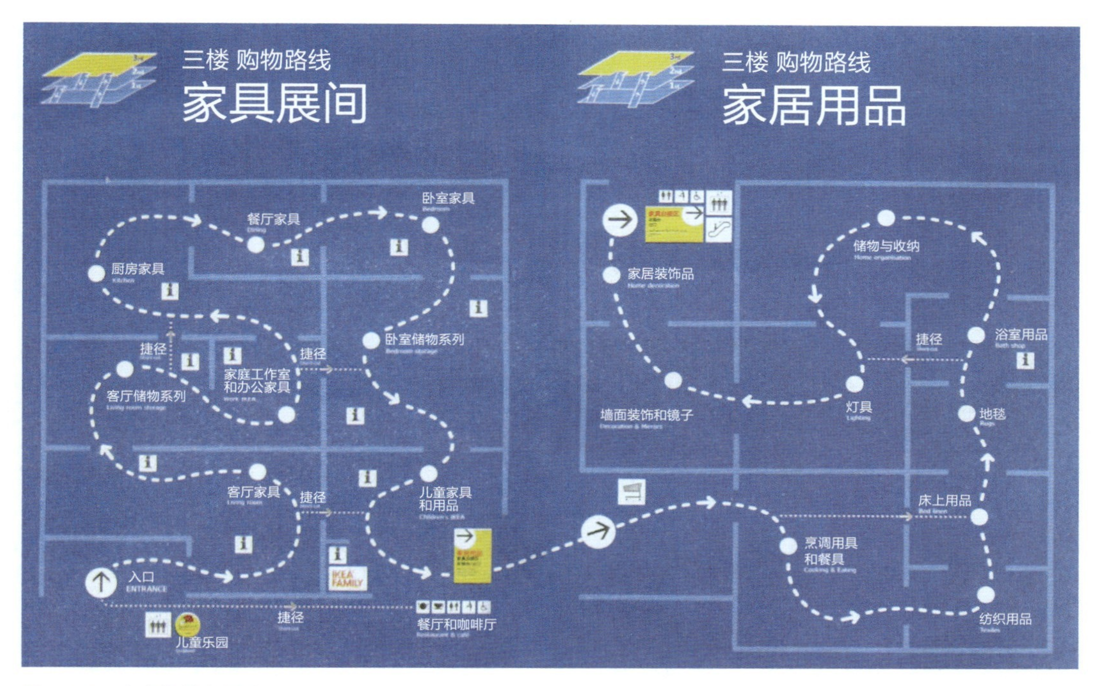

图2-35　宜家线性布置法

集中分布在其周围。中心空间一般是规则的、较稳定的形式，尺度上要足够大，这样才能将次要空间集中在其周围，统率次要空间。这样的平面布置方式一般会呈几何图形，如方形、圆形、三角形、多边形。参观动线为多条的交会，构成形式可呈放射性、向心状、动线可曲可直。这种布置方法同样适合比较大型的空间，使参观者在短时间内从四周不同的角度参观展示的具体内容（图2-36）。

（3）散点布置法：有机组合各部分空间，各空间之间没有明显的主从关系，采用特定

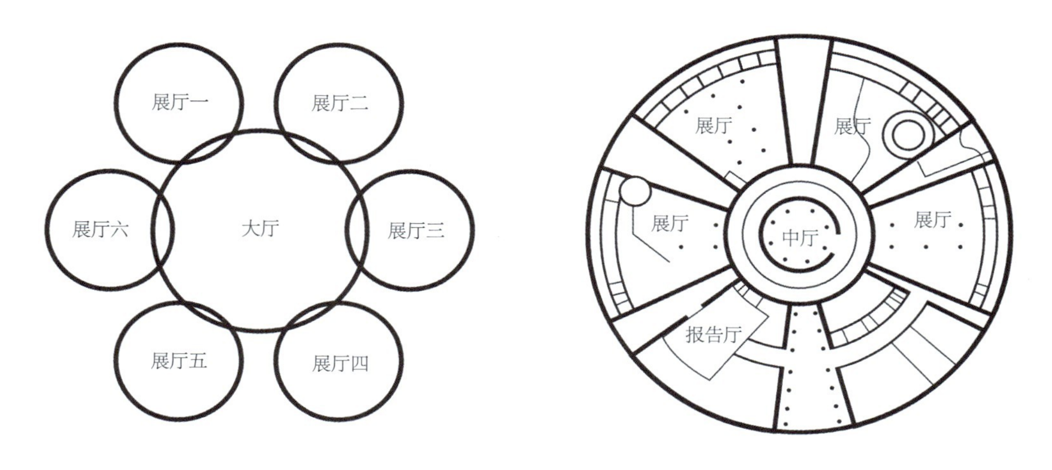

图2-36　中国水利博物馆

的排列顺序，或重复，或渐变，或对比，或协调。形成大小相同、错落有致的平面空间，给人以活泼轻松的节奏感。多个空间布置比较灵活多变，有利于创造展示空间轻松活泼的气氛。

这是brunner公司在科隆国际办公家具及管理设施展上的展台，展示了其为办公空间设计的桌椅系列。使用大面积白色，搭配少量明亮的黄色和蓝色，塑造开放透明的低彩度空间，也更好地突出了家具本身，打破传统刻板的办公概念（图2-37）。

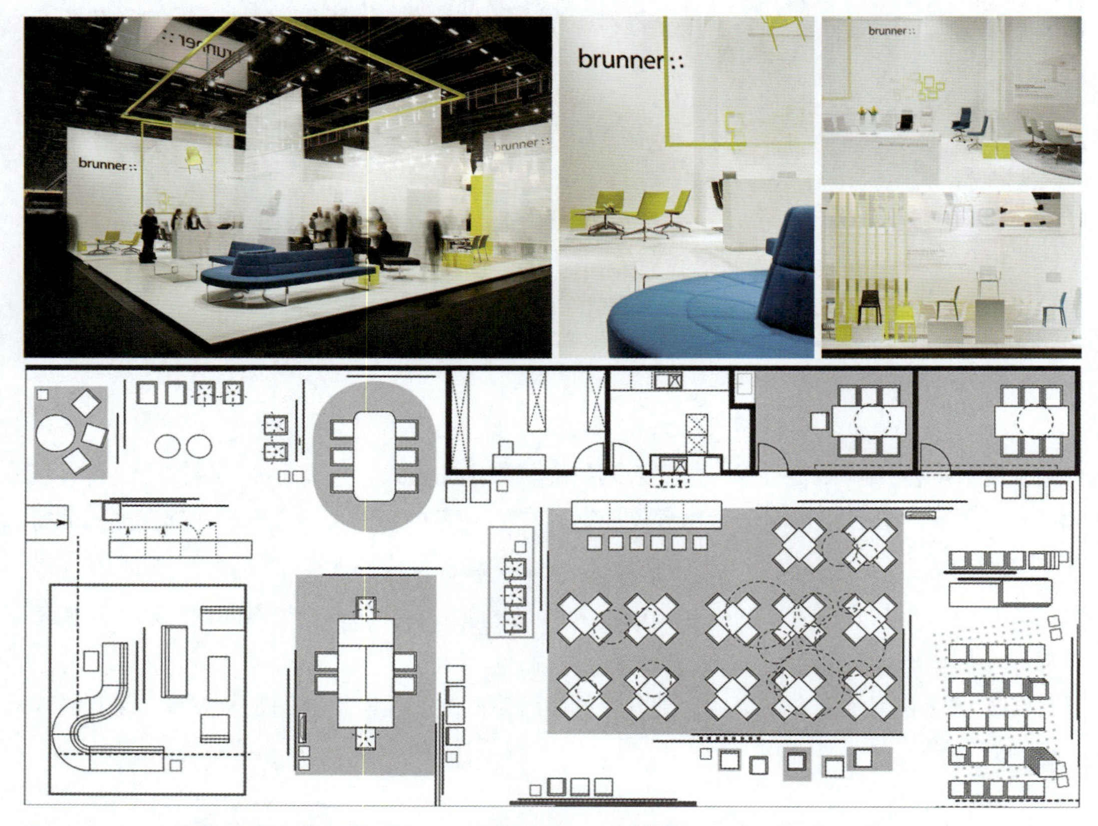

图2-37　科隆国际办公家具及管理设施展brunner公司展厅（散点布置法）

（4）网络布置法：采用标准展具构成网状结构的展示空间，且空间分割是按照一定的比例关系有序地排列组合而成，是经贸商业展常用的方法。网格布置法在国际通用型的展示空间中是比较常见的一种做法，这种展示的方式一般是标准化、通用化的组合道具。优点是能很快开展和撤展，也可以在规定的范围内进行个性设计（图2-38）。

（5）混合布置法：一般情况下，在实践设计的过程中，常会综合使用上诸布置方法，运用某一种类型布置方法并不能满足设计实际需求，多数是以一种类型为主，兼有其他类型的混合布置法。

优秀展览空间能够将大量展品和信息有条理地组织起来，让平面和空间序列清晰流畅。

荷兰国家军事博物馆拥有2万平方米的展览面积，建筑师将这个巨大的内部空间划分为截然不同的两个部分：一层的大型开放式展厅通透宽敞，放置了博物馆的大部分展品；而二层的封闭式展厅则创造了一系列各有主题的小展区，为游客生动地展示科普知识。

图2-38 标准展位就是典型的网络布置法

设计除了大量利用声光电等多媒体设备，在展厅西南侧的空中，还上演了一场“空战”。五架战斗机首尾相连在空中划出了一道弧线，仿佛是奔赴战场时被定格的瞬间。零散的展品被有机组织在一起，同时呼应建筑的内部空间关系，变成了一个看似无意实则匠心独具的动态展示过程。

一楼的展厅如同一个巨型的军工厂，按时间顺序依次展开，覆盖了从千年前至今的各种军事科技成果。考虑到人与展品的尺度关系，飞机、坦克等大型的展品被悬挂在13米高的天花板上，而其余诸如飞机引擎等较小的展品则在小空间内展示，让参观者可以近距离观看体验。

二楼的小房间内的主题性展厅则结合不同比例的模型、全景电影、动画、语音导览和戏剧性的光效等交互手段，爱好者随时可以从交互界面上获得更详细的信息，让枯燥的学习过程变得有趣（图2-39～图2-44）。

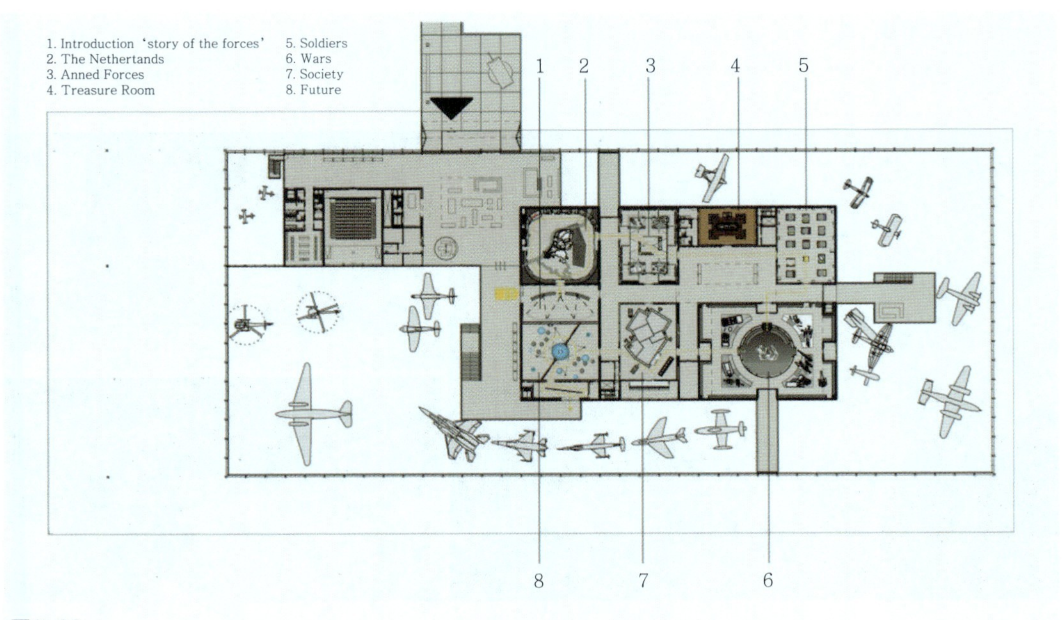

图2-39

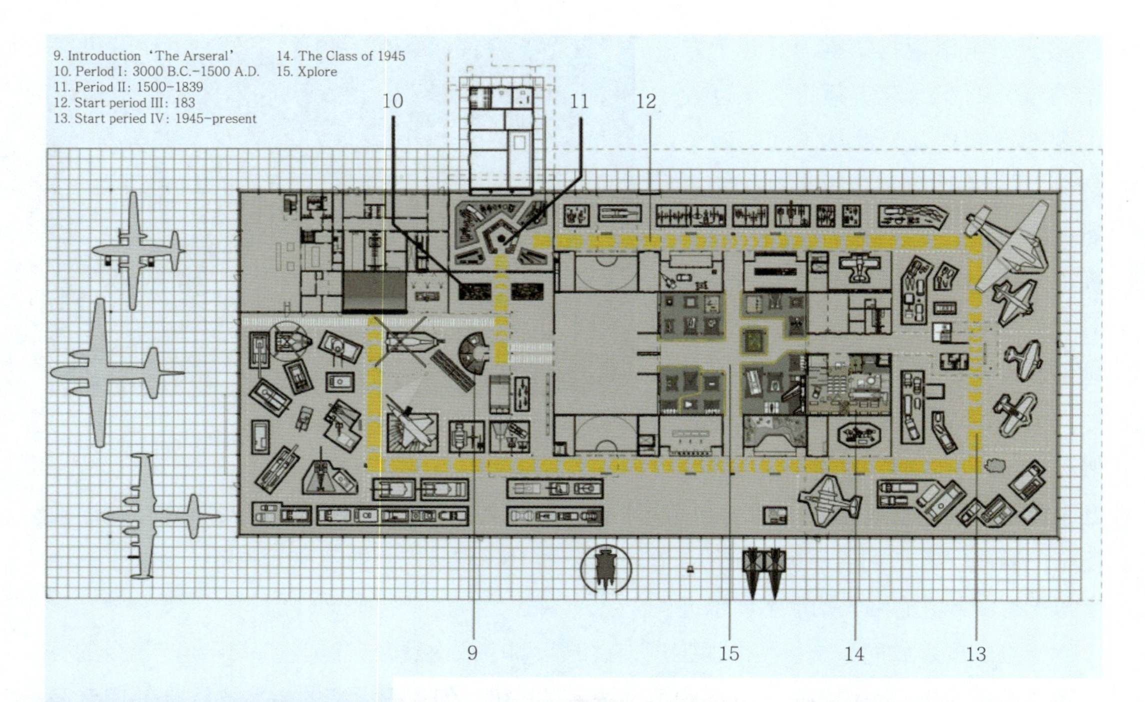

图2-39 荷兰军事博物馆

图2-40 各式军事武器和通信工具

图2-41 荷兰军事博物馆结合各种交互手段的二楼展厅

图2-42 老少咸宜，也适合军事迷的博物馆

图2-43　五架战斗机首尾相连在空中划出了一道弧线

三、主题创意的营造

图2-44　小型展品的小展厅

1. 主题创意的优势　实验心理学家赤瑞特拉（Treicher）做过一个著名的心理实验，关于人类获取信息的途径，经过大量实验分析：人类获取的信息83%来自视觉，11%来自听觉，3.5%来自嗅觉，1.5%来自触觉，1%来自味觉。这就意味着商业空间中信息的最有效的传递，应该是满足五感整体感受的综合的方式，情景化设计的表现形式可以通过多感官的刺激获取信息，比单一感官的获取信息量要更好。

这个实验说明，要使展示的效果更好、更持久，就要采取生动、丰富的展示形式，最大限度地吸引观众，把信息传递给观众，并设计多种适合观众充分参与其中的项目，让观众可以踊跃参与，从而增加知识的获取和信息的吸收。总而言之，构造一个生动、丰富、立体、可视、可听、可触的空间，一个观众能通过参与获得体验，并与他人交流、分享的环境，主题创意环境的营造使观众身临其境，这个场景可以是特定的风格类型，也可以是使用各种材料模拟环境，还可以是通过表现某种具有代表性的事物、符号、声音、气味来引发观众的联想。

营造空间里特定主题的场所氛围，观众会在行动和参与过程中获得更多的浸入感、体验感、场所感，一种有意义的空间感，只有将具象的物化空间转变为有情感的人化空间，建筑才能称之为真正的建筑。在选择主题的时候，要对客户群体进行分析，要有针对性，对不同人群采取相应的形式，这样才能取得最好的效果。作为信息的传递者，一个设计师应该更好地把握主题创意空间的营造这一有效手段，以人为本。

例如，日本设计师隈研吾设计的一个美术用品商店。一踏进店内，人人都会为一整面色彩缤纷的墙面感到惊艳，“PIGMENT”是位于东京的一家美术用品专卖店，这间店巧妙地运用自然素材——竹子作为主要的装饰元素，增添了视觉上的轻盈，也与店里主要售卖的绘画器具产生有趣的呼应。

PIGMENT除了售卖各种颜料以外，也售卖各式各样大小不一的笔刷、调和颜料的胶与纸，有的纸还是日本明治时期使用的种类，在其他地方都不容易买到。整个空间和谐有序、主题鲜明，使店铺极具个性特色（图2-45）。

图2-45　PIGMENT美术用品店

2. 主题创意营造的方法　首先要研究该品牌或所展示商品的特征、理念等信息，商品所要传达的信息决定着主题，从这些信息中发掘出可以作为主题的形式。然后对主题进行分析、提取，将概念性的主题转化为图形和色彩的语言，运用于整个空间。这里要注意，展示装置本身的是否精彩并不应该是我们的重点，反而是“被展示的商品或品牌”因此而精彩，这才是重点。

韩国悦诗风吟旗舰店的整个设计采用环保理念，参考温室的形态和风格，将旗舰店面设计成了一个波状起伏的空中花园，天花板凸起的垂直表面加入了使用环保再生纸制作而成的形似花瓣的元素，阳光通过建筑的玻璃顶棚到达室内。植物风格从室内延伸到室外，在建筑外立面上添加了与室内纸花瓣形态相似的折叠铝制“花瓣”。这些立体折叠的面板采用哑光表面铝制材料制成，自上而下递减的系列“花瓣”中内设LED发光装置，为店面创造出极具动感的光效，整个专卖店设计清新明快，有效地将“环保自然”的理念传播给受众，以增加销售的机会（图2-46）。

图2-46　悦诗风吟旗舰店

纽约的NIKE旗舰店为了展示NIKE高科技、未来感、前卫、时尚的品牌形像，店面空间被一系列红色的陈列模块分割。红色模块是双面利用的，服装展示在红色模块陈列箱内，在灯光的打造下，所有的商品流露出男子汉英勇气概。整个空间的灯光、造型都体现着高科技的未来感，与NIKE品牌的理念相吻合（图2-47）。

其次，在商业空间的公共性能建立过程中，也可以考虑加入社会文化活动，如传统节日、庙会或聚会的内容等。设计出包含多种公共活动在内的社会交往空间，增加商业空间的活力，满足人们的不同活动需求。

库哈斯在设计纽约的PRADA店面时，颠覆了传统的店铺空间单纯的商业活动之用，而是融入了文化活动内容，改变了购物的概念。参观者首先面对的是一个斑马木饰纹的大波浪，以台阶的形式下降到地下层，又在对面升起，台阶对面的波浪弧形面可以翻开，形成讲台或者舞台。白天，台阶上可以用于展示鞋子；晚上，观众们可以坐在台阶上欣赏对面的演出。该设计主要空间和宽敞的阶梯属于“街道”的一部分，顾客既可以在这里购物，也可以进行其他多种活动，如休息、浏览商品、观看表演、电影或演讲。产品与顾客的关系被重新思考，这里不再是博物馆式的空间，而是鼓励顾客与商品或彼此间的互动的场所，力图激发顾客多样性的购物体验和社会交往行为（图2-48）。

位于泰国曼谷的以欧洲泰迪熊工厂为风格的主题餐厅，风格特征完全围绕泰迪熊而展开，在餐厅的各个位置，常常出现泰迪熊的形象。在这里可以看到整面墙都是巨大的按钮、简洁可爱的熊造型沙发。在餐厅一处的吊顶，使用了木质的巨大的齿轮，来衬托用餐人的如同泰迪熊的大小。另外一个区域，吊顶使用了巨大的五颜六色的线轴装饰的天花板，

图2-47　NIKE纽约旗舰店

图2-48　PRADA旗舰店

让人很自然联想到是缝制泰迪熊的工具，非常巧妙。整个空间充满着满满童话般的氛围（图2-49）。

图2-49　泰国泰迪熊工厂主题餐厅

四、照明设计

俗话说“没有光明就没有世界”光线是我们观察一切事物的必须先决条件。在商业展示空间中，大多数的空间都属于室内空间，这就更加需要人工照明的设计与布置。合适的灯光布置不仅可以帮助照亮空间，更有凸显主题、营造氛围、强化空间效果的作用。所以，学习照明方面的知识至关重要。

在商业空间设计中，单凭实体空间的界面呈现，并不足以带来细腻而丰富的空间体验，照明设计恰恰能够帮助实体空间形成更多丰富的层次、空间关系，光环境的塑造也成为创造和完善空间主题的重要途径。不同的光环境营造着不同的空间气质，因而不同的光可以用来定义不同的空间，影响着其中的情感和事件。

灯光是一个灵活而富有趣味的设计元素，可以成为气氛的催化剂，也可以成为焦点和主题。灯光设计必须先符合功能的需求，再根据不同的空间、不同的场合、不同的对象，选择不同的照明方式和灯具，并保证恰当的照度和亮度。NIKE在纽约开设了一间全新的时尚潮店，设计师通过蓝色、粉色、绿色、橙色和白色等不同的灯光色彩，将店铺划分成众多不同的区域，而单品方面则涵盖了从训练服到运动鞋的所有最新单品，个性的照明设计使空间呈现独特的、变化丰富的环境氛围（图2-50）。

图2-50　NIKE时尚潮店

1. 商业空间照明设计

（1）商业空间照明设计的理念：对于商业空间而言，方便消费者的参观与购买过程是至关重要的。除了氛围和气质的营造，照明设计还要承担引导消费的实际任务。例如，对所有空间和商品进行普通照明的同时还要对重点展品做重点照明。灯光的设计要考虑消费者的参观路线和如何引导进入店铺，并为其后的购买行为提供合理的照明，使购物环境形成明暗有序、色彩丰富的空间层次和序列，提高消费者的购买欲望。

商业空间照明与其他类型的建筑照明区别在于：灯光的照明需要考虑展示商品所在的垂直面，而不是通常的水平面，所以在布光方面，设计要避免大量集中的下射光，应选择少量而多区间的照明方式，并且要寻找一个灯具数量与光照柔和度的平衡点。

商业空间的照明设计除了需要考虑功能性以外，更需要突出艺术性的表达，以此来强化环境特色，塑造展示主体的形象，从而达到吸引消费者、树立品牌形象的目的。

（2）商业空间照明方式：以光照射在物体表面的光通量而进行划分，可以进行以下分类。

①直接照明：光线从灯具射出，其中90%以上的光通量都到达假定工作面。这样的照明方式具有强烈的明暗对比，并能形成有趣的光影效果，可以突出工作面在整个商业空间中的主导地位，如射灯。但是由于亮度较高，设计时应防止炫光的产生（图2-51）。

图2-51　直接照明

②半直接照明：是将半透明材料制成的灯罩罩住光源上

部，使60%~90%的光线集中射向工作面，10%~40%被罩光线又经过半透明灯罩散射而向上漫射，其光线比较柔和，如吊灯。这种灯光常用于较低的房间的一般照明，因为这样的漫射光线能够照亮天花板，使房间高度看起来会增高，因而产生较高的空间感。它除了保证工作面照度外，非工作面也能得到适当的光照，使室内空间光线柔和、明暗对比不太强烈，并能扩大空间感。一般我们会采用半直接照明的灯光烘托气氛，营造轻松、明亮的室内环境（图2-52）。

图2-52　半直接照明

③间接照明：是指将光源遮蔽而产生的间接光的照明方式，其中90%以上的光通量通过天棚或者墙面反射，作用于工作面。通常有两种处理方法：一种是将不透明的灯罩装在灯泡下方，光线射向其他物体上反射成间接光线；另一种是把灯泡安装在灯槽内，再反射成间接光线。这种照明方式通常和其他照明方式配合使用，才能取得特殊的艺术效果，单独使用时，需避免不透明灯罩下方的浓重阴影。此类灯具的光通利用率较其他几种类型要低，间接照明光线柔和，无眩光，但光能消耗大，照度低，空间中常用间接照明营造柔和的空间环境、塑造空间层次感（图2-53）。

图2-53　间接照明

④漫射照明：利用灯具的折射功能来控制眩光，将光线向四周扩散漫射。这种照明大体上有两种形式，一种是光线从灯罩口射出经平顶反射，两侧从半透明灯罩扩散，下部从格栅扩散。另一种是用半透明灯罩将光线全部封闭而产生漫射。这类照明光线柔和，视觉舒适、没有眩光，适宜于各类商业空间场所。采用漫射的照明反射泛照整个空间，以烘托整体空间氛围，并通过造型灯具达到装饰、点缀空间的效果（图2-54）。

在实际设计中，通常采用多样的照明形式搭配组合，富有设计感的照明搭配，创造极致的空间视觉效果，给观者留下深刻的印象（图2-55）。

图2-54　漫射照明

图2-55　综合照明案例—瑞士W酒店

（3）商业照明布局形式：灯具的照明以布局用途来分类，可分为如下三种形式。

图2-56　基础照明

①基础照明：指对整个商业空间平均照明，也称普通照明或一般照明。通常采用漫反射型照明或间接型照明实现整体照明，它的特点是没有明显的阴影，光线较均匀，空间明亮，不突出重点，易于保持商业空间的整体性。基础照明的照度一般控制在比较低的水平，以便突出重点照明区域。例如，大型商场就常使用这样的布局方式。营造整体空间明亮且舒适的氛围（图2-56）。

②重点照明：为强调特定的目标和空间而采用的高亮度的定向照明方式被称为重点照明。它的特点是可以按需突出某一主体或局部，对光源的色彩、强弱以及照射面大小进行合理调配。多用于陈列柜和橱窗的照明，大部分采用直接照明的形式，如射灯、聚光灯，尽可能突出展品，凸显立体感（图2-57）。一般在商铺中会重点照亮所要售卖的商品，通道处保证基础照明就可以了，一般两者照度比为5∶3（图2-58）。

图2-57　重点照明

图2-58　重点商品与通道照明比例

③环境照明：以色光营造一种装饰的气氛或戏剧性的空间效果，又称气氛照明。它的特点是增强空间的变化和层次感，制造特殊氛围，使商业空间环境更具艺术氛围。常用泛光灯、激光灯、霓虹灯等类型的灯具，营造出别样的艺术氛围。在展厅和橱窗等环境中，还可以用加滤色片的灯具，制造出各种色彩的光源，造成戏剧性的效果（图2-59）。

图2-59　环境照明

（4）商业空间光环境设计：光环境设计包括商业空间外部光环境设计、商业入口光环境设计以及营业区光环境设计。

①商业空间外部光环境设计：商业空间外部光环境设计的典型代表就是橱窗的灯光设计。橱窗的灯光设计必须要起到引人注目的效果，在创作方式上应注意两点：一要注重艺术效果与文化品位，二要突出重点——商品，而不是灯光，切勿喧宾夺主（图2-60）。

有的商业品牌，甚至利用整个入口的立面墙体，作为品牌形象的宣传，具有视觉震撼和远距离的传播效应（图2-61）。

②商业入口的光环境设计：商业入口灯光应强调识别性，明显易辨。烘托热烈的商业气氛。店铺照明首先从门面开始，独特的灯光设计让经过的路人想不停下脚步进去瞧个究竟都难（图2-62）。

③营业空间的光环境：绝大部分的室内空间都依赖人工照明，创造优雅舒适的光环境，这是留住顾客的重要手段之一。丰富的照明设计手段，可以营造出富于变化和想象的空间环境。同样使用蓝色光，通过气氛光照与色彩的变化整合，案例中的SPA馆营造出私密、静谧的空间氛围；而夜店却营造了个性、前卫的时尚感（图2-63、图2-64）。

图2-60　橱窗灯光

图2-61　外立面光环境

图2-62　店铺门口灯光设计

图2-63　ORCHID泰式精油SPA馆

图2-64　某夜店设计

2. 会展空间照明设计

（1）会展照明的特点：展会举办时间一般都较短，所有的会展环境都是临时搭建的，而展台照明需要配合空间、结构、色彩等设计元素，塑造出领域明确、形象鲜明的展台形象来。展台最大的特点是没有顶盖，而灯具大多都是要在顶部安装，所以有的设计师会设计一些半顶盖，用于安装灯具（图2-65）。

承载灯具的结构主要有两种：一种是利用空间围合结构，这种国内比较常见；另一种是利用独立的桁架结构，这种结构国外展会应用较多。图2-66案例是德国施耐德展位的设计方案，就是使用了桁架配合半顶盖的方式。展会现场展台众多，观众会同时接收来自各方的声、光、影像信息，在这样的情况之下，就要求照明的设计需要既准确展示企业形象，又要塑造独特、鲜明的视觉效果，才能成功吸引目标观众的关注。

（2）会展照明形式：会展空间中也有基础照明、重点照明、环境照明等多种布局形式，而因为所展出物品和形式的不同，灯光的布置形式会略有不同。

比如基础照明，除满足照亮整体环境外，还可根据展示活动的要求和客流情况，有意识地增强或者减弱，创造一种富有艺术感染力的光环境。在光源方面，通常采用顶棚、吊灯或直接用发光器件构成的吊顶。

为更大限度突出展品，更好呈现展品形象，展会中会采用射灯等聚光灯为展品打光。灯光放置时应注意角度防止眩光，一般来讲，30°的入射角既可以有效防止眩光，又有助于塑造三维展品的立体感，因此又被称为“博物馆角度”。

图2-65　半顶盖设计

图2-66　德国施耐德展位

在会展中，呈水平面的展台大多陈列实物，一般要求其立体效果，所以最好采用射灯、聚光灯等聚光性比较强的灯具，通常的做法是在展台上直接安装射灯或滑轨射灯。灯光的照射不宜过于平均。也有的展台的做法是，在内部设置灯光，用来照明台面和展品，营造特别的艺术气氛（图2-67）。

3. 博物馆、展览馆空间照明设计

（1）暗适应和明适应：大家都有过这样的经历，突然从明亮的室外走进漆黑的电影院，会有段时间看不见东西；而从电影院猛地走到明亮处，会有瞬间眼睛不适应的感觉。这是眼睛对明暗自动调节的生理现象，眼睛适应黑暗的状态称为“暗适应性”一般这个过程需要十分钟以上，眼睛适应明亮的状态称为“明适应性”，过程较短，基本一分钟就可以恢复正常的视觉。

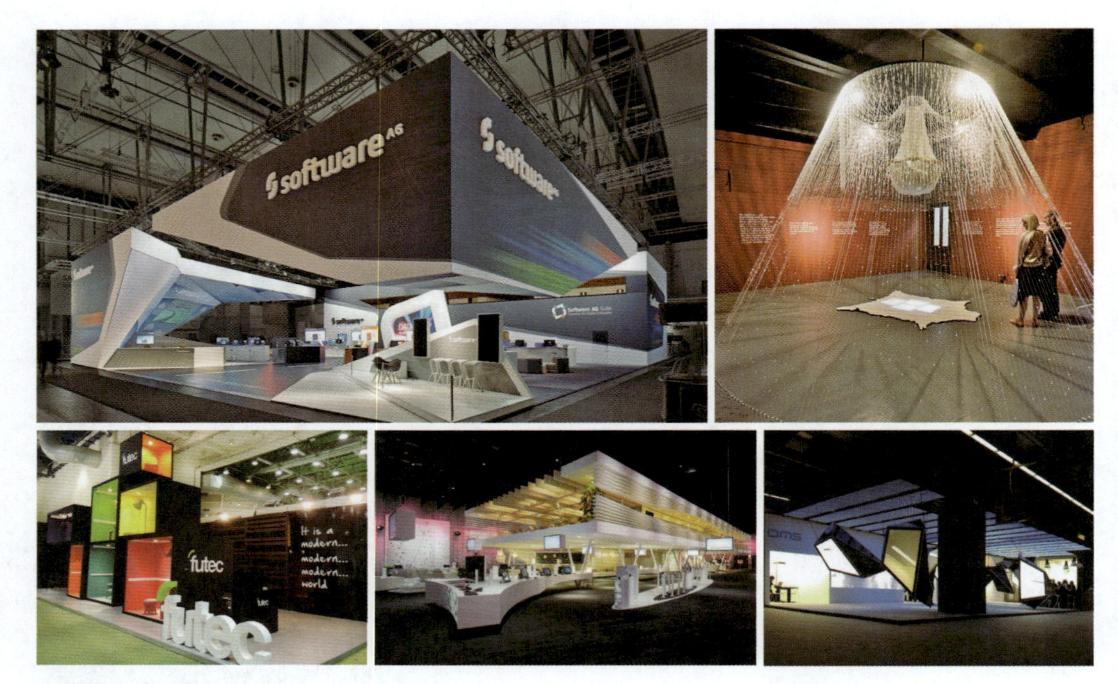

图2-67　会展照明

博物馆、展览馆这类建筑，由于展品的性质所决定，设计上会有很多空间相对封闭的厅、室，照明也主要依赖人工光源。这就要求灯光的设计上要遵循人类的视觉特性，从室外场地转到室内空间时，从一个展厅到另一个展厅时，中间都要设置视觉适应过渡期。

在两个展厅或者展区之间的区域，会有一个过渡的空间，既为界定、分割、避免互相干扰的作用。在看完一个展厅，进入到过渡空间时，观众可以在里面整理思绪、调节情绪，以备参观下一个展厅，同时也是给视觉明暗适应的缓冲时间。

（2）照明照度和均匀度：

①照度要求：在陈列绘画、彩色织物、多色展品等对辨色要求高的场所，一般采用显色指数（*Ra*）在90以上的光源作为照明，对辨色要求不高的场所，一般采用显色指数60以上的光源照明（表2-1）。

表2-1　各灯源显色指数

光源名称	一般显色指数（*Ra*）	相关色温（K）
白炽灯（500W）	95以上	2900
卤钨灯（500W）	95以上	2700
荧光灯（日光色40W）	70~80	6600
高压汞灯（400W）	30~40	5000
高压钠灯（400W）	20~25	1900

②均匀度：应采用定向照明和漫射照明相结合来实现照明，例如，博物馆中的一幅油画，就适合采用散射照明的方式，使整个画面均匀布光；而同在博物馆中的雕塑，就适合采用聚光灯，即定向照明的方式，用灯光塑造强烈的立体感（图2-68）。

图2-68　博物馆展厅照明

展品与其背景的亮度比不宜大于3∶1，对于带有平面展品的展厅而言，最低照度和平均照度之比不应小于0.8，但高度大于1.4米的平面展品，则要求最低照度和平均照度比不小于0.4。只有一般照明的陈列室，地面最低照度和平均照度比不小于0.7。

在照度不同的展厅之间，尤其是照明悬殊的展厅之间的走廊部分，应设有逐渐过渡的照明区域，使观众对光线明暗变化有个适应、缓冲的过程。

（3）避免炫光：要避免产生直接炫光或者反射面炫光。观众或者物品在光泽面（玻璃展柜或者油画镜面）上产生的映像不能妨碍观众观赏展品，所以单独展厅中的灯光布置，适宜先用柔和的灯光照亮全局，对于想要单个表现的物品，采用聚光照射的方式来进行突出。一般来讲，30°的入射角既可以有效防止炫光，又有助于塑造展品立体感，就是前面讲的“博物馆角度”（图2-69）。

图2-69　避免产生炫光的照明法

对于与垂直线呈45°角的或者大于45°的角度，可以直接看到光源的灯具，一般采取两种办法遮挡灯具，来防止炫光：一类是在灯具上加半透明遮光板，柔化灯光，消除直接进入人眼的光线；另一类是使用反射器、格片或者是组合式的挡板，直接挡起光源，避免直射。例如图2-70所示Graz历史博物馆展厅设计，首先使用金属网围合方式替代玻璃柜，其次使用遮光板挡住灯具的直射光源，从这两方面减少炫光的可能性。为小型玻璃展柜布置光源时，在玻璃柜底座内部设置灯光，形成面光源，使光线明亮、柔和不产生炫光。

图2-70　Graz历史博物馆展厅设计

五、商业空间中的色彩表现

色彩是设计中最具表现力和感染力的因素，渗透于商业空间的每个形态，是进行商业空间设计必须研究的对象。

在商业空间中，色彩相对于形状、文字而言，是最直观的、可以迅速地吸引人们的注意力的一个重要的因素。因为人在进入某个空间时，第一印象是对色彩的感受，之后才会去感受空间的形体等信息，人们无需看清店堂内的招牌名称，也无需看任何文字介绍，仅凭色彩就可以决定是否走入这家店铺，也会通过色彩感受到店铺的经营种类、市场定位、经营特色等信息。例如CAMPER品牌鞋店，它在不同城市的门店各有特色，但红底白字的LOGO总会放在最醒目的地方，即使没有把LOGO放到最大，红白两色的搭配也是必不可少的（图2-71~图2-73）。

图2-71　CAMPER品牌LOGO

对色彩心理效应的研究表明，色彩的美感会直接影响人的心理情感和生理上的满足程度，色彩的营销方式是一种无形而高效的营销手段。商业空间中色彩的正确表达，可以迅速地将商品的信息传达给消费者，同时，空间中的色彩既可以帮助顾客认识商店形象，也能使顾客产生良好的记忆和深刻的心理感受。但不同顾客对色彩的感受不同，因此，在商业空间色彩设计中，要针对不同的商业空间功能、不同的消费人群，必须合理地运用色彩，以满足消费者的心理和生理需求。

图2-72　CAMPER格拉纳达店

图2-73　CAMPER纽约店

色彩给人的第一印象是商业空间设计中不可忽视的重要元素，在设计上，我们要遵循一定的色彩设计原则，才可以使色彩更好地服务于整个空间。

1. 色彩的分类　根据色彩对人心理的影响，可以大致把色彩分为冷色、暖色和中性色。色彩本身并不存在物理温度，冷暖的区分来自于人们的心理因素和思维联想，比如人们看到波长长的红色光和橙、黄色光时，会联想到火、太阳这一类事物，从而从心理上产生温暖的感觉；而在看到波长短的紫色光、蓝色光、绿色光时，联想到的是海洋、植物等清爽的事物，从而产生寒冷的心理感受。而介于冷暖之间的、没有明显冷暖倾向的色彩，如黑、白、灰，就属于中性色了（图2-74）。

红、橙、黄等暖色体现着温馨、热情、欢快等感觉，所以常使用在喜庆、热烈、温暖的空间环境中，而蓝、绿等冷色体现着冷静、湿润、凉爽等感觉，这样的色彩适用于营造平静的场所（图2-75~图2-79）。

图2-74　色彩的联想

图2-75　白色体现纯洁、高雅

图2-76　黑色给人舒适、隐藏的感觉

图2-77　灰色营造中性、未来感的空间

图2-78　蓝绿色体现理性、科技感

图2-79　木色与粉色的搭配体现柔和、自然、安静的空间氛围

2. 色彩的知觉　你知道为什么肯德基和麦当劳的装饰是橙色系的？为什么在蓝色系的房间，人们可以睡个好觉？为什么在黑的环境下，人们会感到特别恐惧？这其实都是色彩对人的知觉影响造成的。

当人眼一看见某种色彩立即产生的感觉称为色彩知觉。这种反应是下意识的，带有普遍性，在实际生活中，色彩的生理现象与心理现象往往是分不开的。

因为不同的人群有着不同的民俗、文化环境，他们对同样的色彩会有不同的理解和心理感受，使得本来并不具备情感的色彩，具有了不同的情感特征。正是由于色彩情感的存在，才使色彩能够给人带来丰富的心理感受。所以，了解色彩知觉的内容，是进行商业空间色彩设计必不可少的准备工作。

（1）尺度感：色彩的尺度感是通过色彩的色相和明度两个因素体现出来的，可以让人感受到进退、膨胀收缩、远近的不同感觉。一般暖色系和明度高的色彩都具有前进、膨胀、接近的效果，而冷色系和明度较低的色彩具有后退、收缩、远离的效果（图2-80）。色彩给人的距离感还会受到背景色调的影响。例如，在白色背景下，蓝色显得很近，然后依次是紫色、红色、绿色；当在黑色背景下时，红色看上去会是最近，然后依次是橙色、绿色、蓝色、紫色。色彩距离感是与眼睛接收光刺激时受光量的大小有关系，

图2-80　蒙特利尔的活力住宅

照度大时，对眼睛的刺激强，便有耀眼、清晰、膨胀、前进的感觉；反之，便有灰暗、模糊、收缩、后退的感觉。

（2）轻与重：色彩的轻与重主要取决于色彩的明度与纯度，明度和纯度高的色彩具有轻盈感，如粉色、鹅黄、嫩绿等；而明度和纯度低的色彩具有分量感，显得庄重，如黑色、褐色等。进行空间设计时，设计师要把握好空间中各部分的色彩搭配，才能做出打动人心的设计。图2-81所示瑞典Fine Food餐厅的设计，使用轻盈的多色彩搭配，特别迎合北欧人士的色彩喜好。

图2-81　瑞典Fine Food餐厅

（3）软硬感：色彩也可以给人软硬的感觉，主要体现在明度和纯度两个方面。高明度、低纯度的色彩具有柔软感，如粉色、浅黄色、浅绿色；而低明度、高纯度的色彩具有坚硬感，如玫红色、墨绿色、赭石色。在无色系中，黑白给人的感觉就坚硬，而灰色则相对柔和。如果是一项针对女性客户群体的专卖店设计，就要考虑使用高明度、低纯度的色彩来营造女性喜爱的柔美气质，同时也要避免使用女性不喜欢的色彩，如赭石、墨绿、黑白灰等颜色多为男性客户群体所喜爱的（图2-82、图2-83）。

图2-82　粉色体现女性柔美感

图2-83　适合男性客户群体的色彩

（4）不同人群对色彩的不同理解：色彩具有很强的象征性，一些色彩会给人特定的情感，能够引发人的种种感受和联想（图2-84）。例如，我们经常使用绿色代表希望、新生，红色象征热情、火热，黄色让人感到明朗活泼等。但不同的人群，基于不同的性别、心理、年龄、文化、传统的因素，会对色彩产生不同理解和感受，人们会有意识地将色彩与不同的价值观联系在一起。例如我国以红色为喜庆、热烈、高贵的颜色，因此中式传统婚礼新娘穿红色礼服。而在西方国家，西方人视白色为纯洁、美好的象征，新娘的婚纱则是白色，以此象征爱情的纯洁、忠贞。而美国人常使用蓝色作为公司的标识色彩，因为这个色彩象征了男性气概、高品质、可信赖。而在东南亚国家，人们却将蓝色与冷酷联系在一起。

但随着人类活动的全球化，跨文化差异正在逐渐减小，而观念和习惯也越来越融合趋同。比如不同文化现在都比较认同白色是纯洁的象征，尽管白色在东西方国家传统观念中关于婚嫁和丧事的联想大相径庭，但现今我国婚礼中，新娘常既穿白纱裙，也穿红色传统服饰，

图2-84　色彩的情感

正是文化融合的表现之一。

3. 商业空间中色彩的运用原则

（1）统一性：空间的总体色调要与展示商品的内容主题相适应，要在统一中求变化，对商业空间环境起决定作用的大面积色彩即为主色调。空间、展品、装饰、照明等因素都应在主体基调上统一考虑，与使用环境功能要求、气氛、意境要求相适合，与样式风格的协调，形成系统、统一的主题色调。

图2-85所示为位于西班牙的一个自助药店，整个的店面装修为顾客营造了一个轻松的购物环境。货架上的商品归类整齐，一目了然，便于顾客识别产品，方便顾客独自购物。另外，不同类别的产品用颜色来加以区分，整个空间的颜色丰富，货柜设计精致而具有特色，创建了一个让人印象深刻的健康世界。

图2-85　西班牙Farmacia SantaCruz药店

（2）顾客群体和环境需求：不同的目标人群对色彩会有不同的喜好。针对老年人的空间，在色彩上应使用中间调和色，明度、彩度低的颜色，对比度也较低的色系，营造温和、温馨的氛围；而很多针对年轻人群的商业空间，则需要使用对比度大的色系，色彩的使用可以大胆些，诸如一些明度、彩度高的色彩，让人感受到青春的活力和动感。

不同的场所需要不同的色彩变化，比如利用色彩的明暗度和纯度来创造空间气氛时，使用高明度色彩可以获得光彩夺目的空间气氛，使用低明度的色彩和较暗的灯光可以营造私密感和温馨感，使用纯度较低的灰色可以获得一种安静、柔和、舒适的空间。

所以空间色彩的设计要有针对性，既要考虑顾客群体，也要符合场所空间的属性（图2-86）。

图2-86　Suppakids儿童鞋店

（3）改善空间视觉效果：色彩在人的感知中，有距离、温度、重量等视觉感受，比如淡色有扩展空间的感觉，深色有压缩空间的感觉，设计过程中可以利用色彩搭配，改变消费者的视觉感受，从而调节商业展示空间的比例和尺度。例如商业展示空间高度较低的时候，顶棚可以使用较冷、较灰暗的色彩，使空间的高度感得到提升；空间中的通道过于狭长时，正对面的那堵墙就要采用较暖、纯度较高的色彩，使空间缩短。再比如当入口处的墙面离入口较近时，可使用冷色系和明度较低的色彩，加大距离感；而当室内空间过于空旷的时候，可采用暖色系和明度较高的色彩，使整个空间产生紧凑感和亲切感（图2-87、图2-88）。

在商业展示空间进行色彩设计时，恰如其分地运用色彩，可以很好地营造整体空间氛围、协调各部分空间、层次分明、突出重点。可采用暖色系和明度较高的色彩，使整个空间产生紧凑感和亲切感。

Playster总部空间设计，建筑师为该空间打造了具有现代感的开放式设计方案，将明艳的色彩和白色加以巧妙运用。原有的墙壁也得到充分利用，转变为一系列富有生气的全新私人空间，同时避免了资源和资金的浪费。

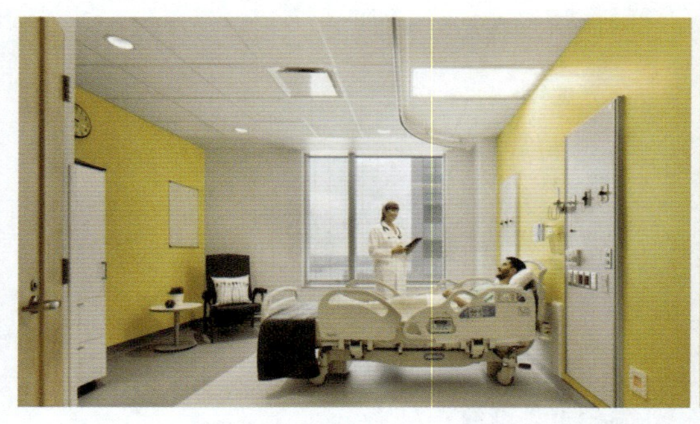

图2-87　某医疗中心使用温暖的黄色改变医疗中心的氛围

图2-88　使用明亮的色彩让空间看起来清晰透亮

建筑师为这一空间赋予了全新而多彩的面貌。墙面和地毯上的标识与色彩带来强烈的视觉冲击，在一种流动的空间形式中划分出不同的区域。公司的每个团队分别拥有各自的代表色，因而这些色彩能够将大家凝聚在一起，激发团队成员的归属感（图2-89）。

图2-89　Playster总部办公室色彩案例

日本佐夫（Zoff）精品眼镜店店面设计是一个充满活力的精品零售空间。走进店面，首先映入眼帘的是缤纷的色彩，设计师别具匠心地将不同颜色的色块应用到店面的矩形展示柜上，并且这些色块还可以自由摘取变换，以适应季节的变化。

木质的展示柜以高低不同的展示空间错落有致地展示商品，展示柜边缘不同的色彩和不规则高度的展示方式给空间注入了俏皮感。白色的墙壁，木质的地板，缤纷多变的色块，恰到好处的组合到一块给人一种精致温暖的精品感。

店内的收银台设计像一个调色板一样汇聚了不同的颜色块，不规则的外观设计与店内展柜设计相呼应，既新颖又时尚（图2-90）。

图2-90　佐夫眼镜店

第二节　观众视角

一、人性化设计

所谓人性化设计，即是以人为本，在设计过程中，根据人的行为习惯、生理结构、心理状况、思维方式等因素，在原有的设计基本功能和性能基础上，对设计对象进行优化，

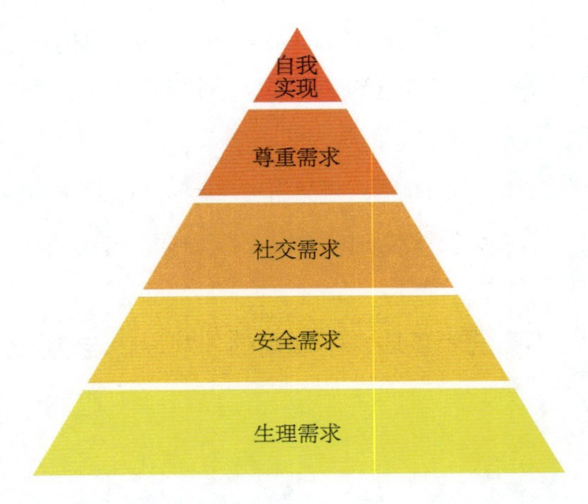

图2-91　马斯洛心理需求层次理论

使其适合人类活动的需要。它是在设计中对人的心理生理需求和精神追求的一种尊重和满足，是设计中的人文关怀，是对人性的尊重。

人本主义心理学创始人——马斯洛提出了人的心理需求层次理论，他将人类需求像阶梯一样从低到高按层次分为五种，分别是：生理需求、安全需求、社交需求、尊重需求和自我实现需求（图2-91）。

通俗理解：假如一个人同时缺乏食物、安全、爱和尊重，通常对食物的需求量是最强烈的，其他需要则显得不那么重要。这就是为什么美食总会成为大众追求的目标，且普遍不会被排斥的原因。只有当人从生理、生存的需求中解放出来时，才可能出现更高级的、社会化程度更高的需要，比如安全的需要和社会地位认可的需求。

理解人的真正需求，能够帮助我们从根本理念上做好空间的设计。展示是面向大众的，设计者在设计之初就要思考清楚各种不同观众群体的生理需求、情感需求和渴望获得的信息，以便营造出富有创造性的、令人愉悦的展示环境。

二、人体工程学

1. 人体工程学定义　人体工程学（Ergonomies）是20世纪50年代前后发展起来的一门综合性学科。以人体测量学、生理学、心理学和生物力学等作为研究手段和方法，综合地进行人体结构、功能、心理以及力学等问题的研究的学科。其核心内容是研究人在室内活动所需的空间的参数。以确定家具、设施的形体、尺度及其使用范围。通过视觉要素的计测为室内视觉环境设计提供科学依据，从而对环境空间和设施进行合理的设计，使空间环境更适合人类活动的需要，使人在空间中活动更高效、安全和舒适。因此，人体工程学是商业空间展示设计中正确处理人、物、环境之间关系的理论基础。

人体工学的研究为我们提供了人体尺寸方面的知识以及平均尺度，这决定着所有展示元素的量度，无论是一个货柜的高度，或是宣传广告的尺寸。顾客在整个购物过程中是否舒适？场所空间是否提供了清晰的安全出口路线指南？这都是人体工程学考虑的范畴，设计者需要合理运用人体工学创造出使参观者舒适而有亲和力的空间环境。

在商业空间展示设计中，人体工程学的各种尺度是确定空间设计和展具设计的基础依据。运用人体工程学的知识对空间尺度进行控制，可以使光照、色彩等效果更好地适应人的视觉，同时也能产生特定的心理效果。在展示环境中，人的行为包括走、立、观看、蹲、拿取等基本动作，所以设计要依据人的身体、活动范围来创建从使用和视觉上都舒适的空间。

2. 人体的静态与动态尺寸　人体尺寸通常包括静态尺寸和动态尺寸（图2-92）。

（1）静态尺寸：静态尺寸又称结构尺寸，是人体处于静止状态时测得的尺寸。如头、躯干、手足四肢的标准位置和大小尺寸等。

静态尺寸主要包括人体在站姿、坐姿、跪姿、卧姿等四种状态下进行测试而获得的数值。这是人体结构的基本尺度特征。一般来说，商业空间展示主要关注人体处于站、坐两种姿态下的静态尺寸，而跪姿和卧姿两种姿态下的静态尺寸很少涉及。

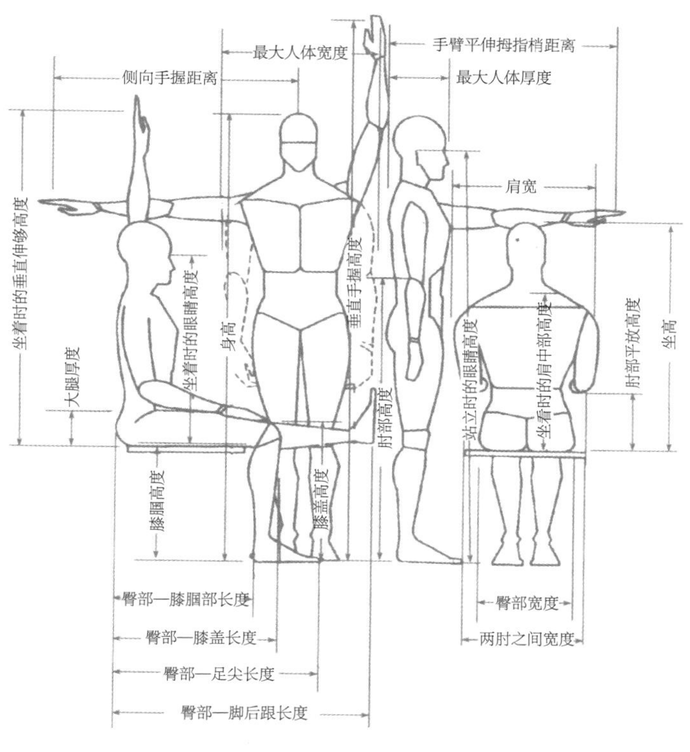

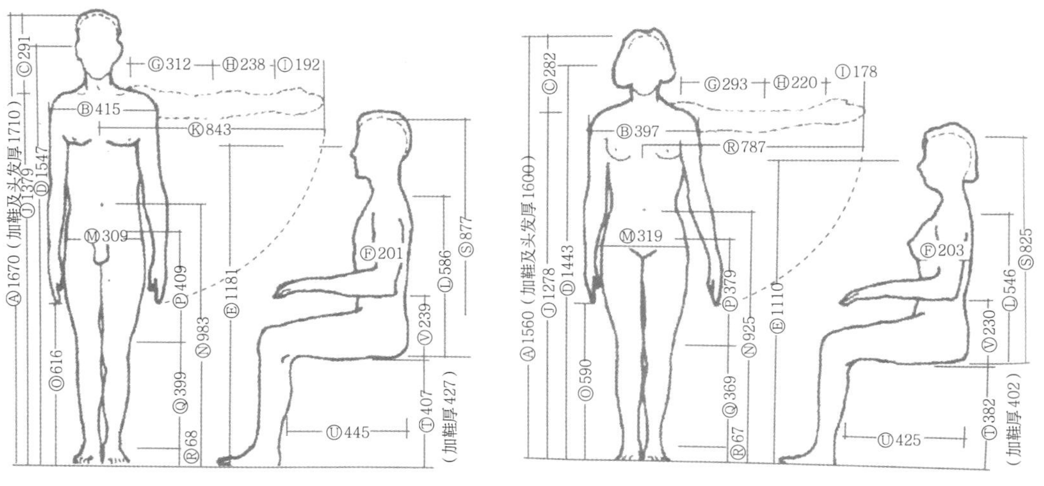

图2-92　静态尺寸（单位：mm）

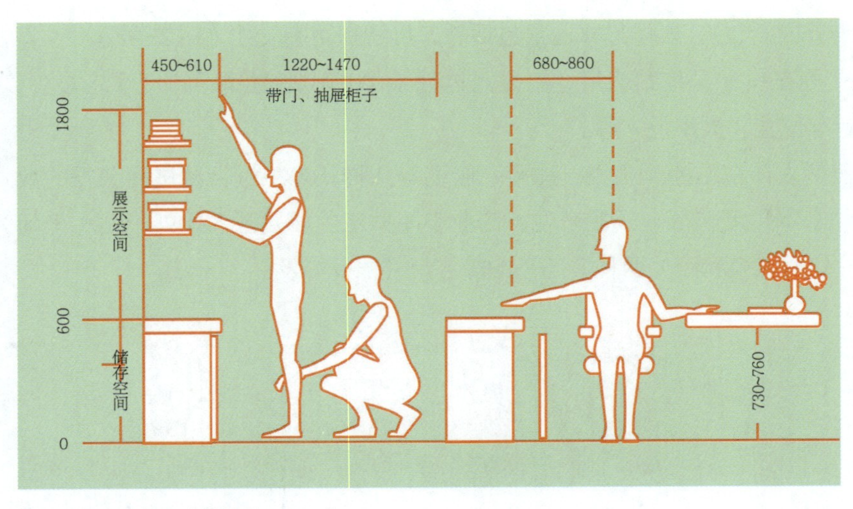

图2-93　动态尺寸（单位：mm）

（2）动态尺寸：动态尺寸又称机能尺寸，是人体处在各种运动或各种动作状态时各个部位的尺寸值，以及动作幅度所占可容空间的尺寸（图2-93）。

动态尺寸主要包括人在原地的肢体动作状态和行进状态中进行测试所得的数值。人在直立、下蹲、弯腰俯身时的肢体纵向动态数值，以及上肢在左右向伸展中的横向动态数值。

三、人性化设计与商业空间展示

人性化的设计运用于空间设计中，不仅仅是满足人们使用空间的功能，更应是满足人们心理、精神需求，更要考虑满足不同消费群体的人体工学。在具体实施中，设计者需要对商业空间环境进行深入研究，多方面充分挖掘人性的本质需求，合理规划人性化的空间层次，精心组合人性化的空间序列，才能创造出一个与人亲密联系、富有生命力的商业空间环境。

1. 满足功能空间需求　日本建筑设计师丹下健三曾说过："设计一座建筑，会听到许多要求，它构成了某种随心所欲的功能要求，设计师对此应该把握住建筑的真正功能，从众多的要求中抽出那些最基本的、并在将来继续起作用的功能。"同样，在空间的设计中，首先应考虑满足功能空间的需求，然后再去考虑空间的形式美法则。

空间过大或过小，高度过高或过矮，过于空旷或迂回，都会影响空间的使用功能。设计者应以人体工学为指导准则，利用人的视错觉，将窄空间"变"宽，矮空间"变"高，小空间"变"大，静止的物象变得"动"起来，让人感觉更加舒适，创造出我们想要的效果。所以，设计师必须熟悉各种视错觉规律，并且有目的地去应用，使之为展示的需要服务。设计符合人体活动尺度的空间，满足空间使用功能的需求，创造舒适便利的商业空间环境（图2-94）。

2. 满足多种感知　人性化设计并不只是考量人体的尺度，还包含对人的视觉、知觉、心理感受等多种内容的研究。在设计中，设计师也要从参观者心理、生理的角度去思考设计和管理流程。

图2-94 BACKYARD品牌店—符合人体工程学的柜台和交通流线设计

空间中的不同颜色、尺度、材质、造型、陈设等因素，都会给人带来不同的心理感受。设计者应多研究听觉、视觉、触觉等相关知觉类型对商业展示设计的影响，关注公众的知觉差别，寻找公众性规律。研究人们对环境中不同色彩配置、造型、照明、温度、湿度、声学等的知觉感受，可以帮助设计师更好地营造空间。

例如在展会中，观众在展位所观看的视听演示片段，不应超过5分钟，否则会造成观众的倦怠，或者会造成过多人的驻足停留而导致行走通道的拥堵。再如世博会上，因为人流量的巨大，常会在场馆门口有大量的排队等待，就需要设计有效的排队管理机制，利用好等待时间，以保持参观者到达现场时的热情。

再如，视距是指观者眼睛到被视物体之间的距离，正常的视距标准一般为展品高度的1.5～2倍，展品陈列必须考虑这一因素，设计合理距离，避免制造障碍使观众因距远而无法看清展品。

人的眼睛对外界的变化有一定适应性也是视觉特征之一。在照明强烈变化的时候，人的瞳孔也会相应地调整，但是需要一定的反应时间。例如从光线较暗的电影院出来看到室外明媚的天空，人的眼睛就会疼痛不适。而且瞳孔反复不断地调整，眼睛会视觉疲劳。所以在展示的照明设计上，就应该充分考虑眼睛对光照的适应性，均匀柔和的光线令人眼感觉最为舒适，有对比的光线处理当然有助于展品的展示和氛围烘托，但也要避免过大的光比差异造成人眼的不适和疲劳。同样在过于强烈色彩的刺激下，眼睛也会感到不适和疲劳，甚至影响对色彩的正确判断。展示空间的色彩为了吸引观众难免强烈饱和，但是要适当控制那些强烈鲜艳色彩的面积，不能全部都是大红大绿，提倡适度加入一些稳定中性的色彩，或者采用“大灰小鲜”的色彩搭配，以满足眼睛的适应性。这都需要我们从人的多种感官、感受角度出发去考虑问题，才能更好地开展设计（图2-95）。

图2-95　儿童玻璃乐园展

3. 满足各种人群需求　由于展示的空间尺度、展品尺度等都要以人的身体形式为基准进行组织、设计和陈列，因此人的身高体型就决定着空间尺度，全世界不同种族的人群，身高、尺度都不尽相同，这就决定着不同的空间尺度。并且不同的文化具有不同的空间尺度模式，于是空间环境的尺度就具有了文化内涵和人性色彩。

相比普通群体，老年人、儿童、残障人士也具有不同的人体尺寸和行为模式，针对这些人群，要在设计中体现关怀。“无障碍设计、包容性设计、全民关怀”等理念的关键，就是强调设计应该精心、整体地考虑，以不断满足残疾人、老年人等弱势群体的特殊需求（图2-96）。

现在在商场中，常会设置儿童的托管所、游戏角，残障人士专用停车位，行走坡道、无障碍厕所、婴儿哺育室等专用设计，体现了社会对特别人群的关怀。

人作为空间环境的主体，既是空间的创造者，又是空间的体验者，基于对空间的体验是对空间环境要素的综合感知感受。因此，商业空间的设计不仅仅是空间的功能、形式，更主要的是空间的主体“人”，设计要符合人的行为习惯、知觉感受和尺度等特征，具有人性情感的空间环境往往会给人们带来更多的精神愉悦感和舒适感。

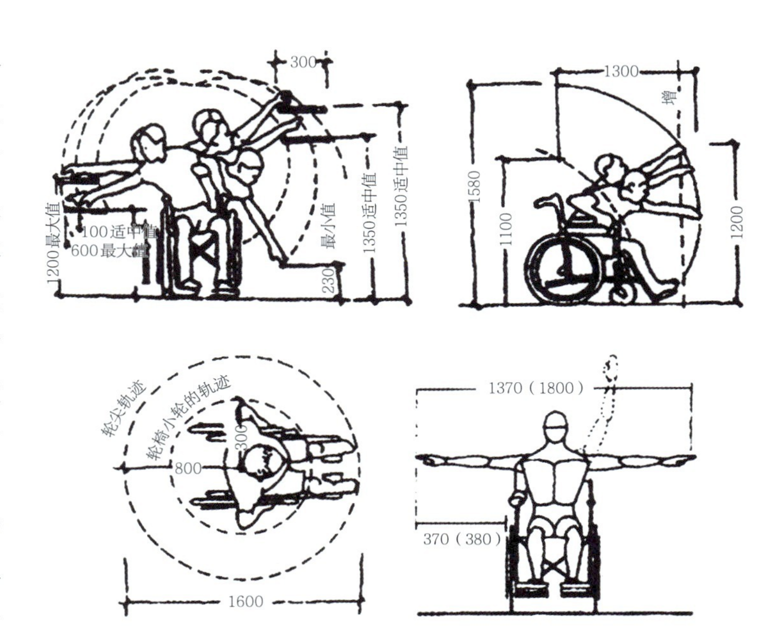

图2-96　轮椅使用者的活动尺度分析（单位：mm）

图2-97为一家玩具店设计。设计者使用“魔法棒挥出一阵旋风”这样的童话桥段作为元素，将所有的展架设计成旋风一样的造型。对于身高较低的儿童而言，同样等宽的层架，会导致他们无法看到高处的物品，所以设计者将展架设计成越高越向外伸的造型，方便了儿童的视角观看。展架选择圆润的造型，避免了儿童的跌伤、碰伤。另外在色彩方面，采用了大面积明亮的白色和符合儿童审美的明快的色彩进行搭配，呈现自然、天真、活泼、俏皮的空间氛围，走进这家玩具店，仿佛进入了一个童话世界。

图2-97　儿童玩具店

四、环境心理学与商业空间展示

环境心理学是研究空间与人的行为之间相互关系的一个应用社会心理学学科，又被称为“空间行为”。着重研究人使用空间时的心理需求、固有方式和寻求人与环境的最佳关系。其中个人空间、私密性和领域感等概念相互联系但又有区别，是这一领域中重要的研究内容。

1. 个人空间与人际距离　在人与人的交往过程中，彼此间的距离、言语、表情、身姿等各种元素都起着微妙的调节作用，被称为“个人空间”。个人空间既包含生物性的一面，又受到社会与文化的影响。人在交往过程中，为了保持自己的个人空间，会与他人身体保持一定的距离，这个距离，被称为人际距离（图2-98）。人际交往的距离分为四种：

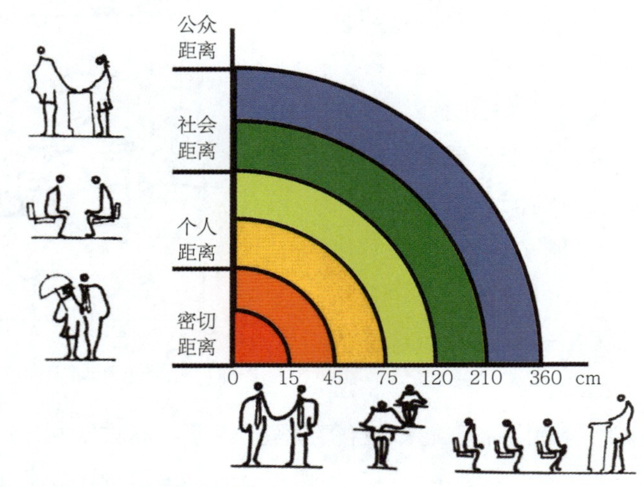

图2-98　人际距离空间分类

密切距离，0～0.45米，如爱人之间的距离，如果在公共场合与陌生人处于这样的距离会使人感到严重不安，需要用避免谈话、避免微笑等行为来取得平衡。

个人距离，0.45～1.2米，如朋友之间的距离，这样的距离谈话音量适中，语言交往多于触觉，适合亲戚、师生等日常熟悉的人群交谈言欢。

社会距离，1.2～3.6米，这一距离能够帮助人们避免肢体接触，保持各自的心理舒适范围，比如开会时这样的距离就很合适。

公众距离，3.6米以上，如讲演者和听众之间的距离，演讲者一般为更好地表达意见，会提高声音甚至使用夸张的肢体语言来辅助语言表达。

另外，依据不同的民族、信仰、性别、职业和文化程度，人际距离也会有所不同。

2. 私密性和领域感　人们在公共空间中有着普遍的自我保护的心理感受。环境心理学对人与边界效应（边界效应是指远古人为防止被攻击，一般会选择背后靠山或者背靠大树等形式防止攻击）的研究表明：人们倾向于在空间中寻找支持物，以此求得安全感和营造领域感。同时，人类喜欢观察空间、观察人，人有交往的心理需求，而在边界逗留为人纵观全局，浏览整个场景提供了良好的视野。人在需要交往的同时，又需要有自己的个人空间领域，这个领域不希望被侵犯，而边界使个人空间领域有了庇护感。

在一些大型的室内空间，人们通常希望寻找可以依托的位置，寻求安全感。比如在火车站候车厅这样的宽敞的空间中，候车的人们更愿意待在柱子周围，且与其他人保持适当距离（图2-99）。

当人们进入餐厅的时候，大多不愿意选择近门处及人流频繁的座位，而多数会选择背靠墙的位置，这也是为什么餐厅类的空间设计时会尽可能形成最多的局部尽端，以满足顾客就餐时心理上需要的私密性和领域感（图2-100、图2-101）。

所以，在餐饮空间设计中，划分空间时应以垂直实体尽量合围出各种有边界的餐饮空间，使每个餐桌至少有一侧能依托于某个垂直实体，如窗、墙、隔断、靠背、花池、绿化、水体、栏杆、灯柱等，尽量减少四面临空的餐桌。这正是为了满足人们安全感的心理需求（图2-102~图2-104）。

图2-105所示为位于墨尔本的普拉汉餐厅，设计使用17个巨大的混凝土管道从酒店内部的就餐区直通街外。在内能够为客人提供私密的用餐环境和相对开阔的视野，并有效降低拘束感；在外则能勾起路过的人想进去一探究竟的好奇心。通过多重材料的呈现，如玻璃、水泥管、附在管道内壁的木头，来显示材质本身的原始美态。

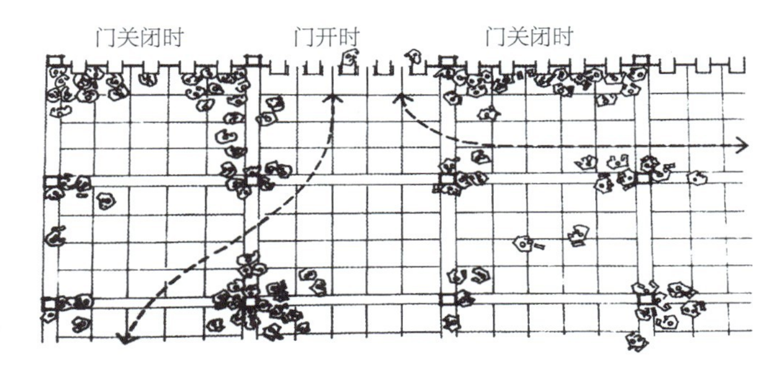

图2-99　某火车站候车大厅—人们选择站立的位置

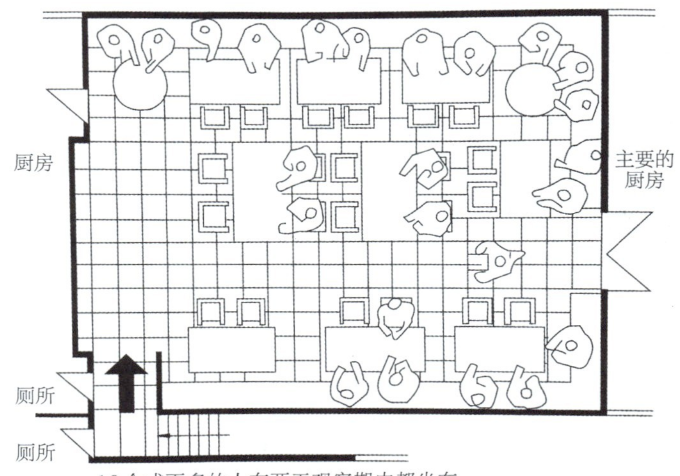

图2-100　餐馆中人们选择位置的频度

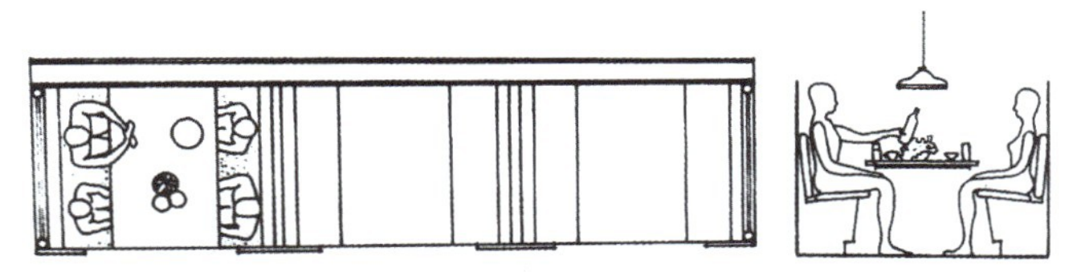

图2-101　餐厅中的卡座形成“局部尽端”

图2-102　屏风作为隔断，营造独立的用餐空间

图2-103　木质栅栏式的隔断

图2-104　使用绿化作为隔断

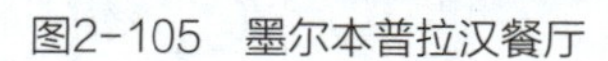

图2-105　墨尔本普拉汉餐厅

第三节　展品陈列

一、商品的陈列形式

陈列是有结构地对商品进行摆放。对顾客的购买行为进行调查发现，醒目、便利、美观、实用的商品陈列艺术，会非常有效地促进顾客的购买行为，是目前促进销售最有效的办法（图2-106）。设计师如何对商品选择合适的陈列方式、布局比例，是有经验和规律可遵循的。陈列的形式大致可以分为以下几种。

图2-106　各种形式的陈列

1. **中心陈列**　中心陈列是指将一些重点展示的、大型的商品，放置在整个展示空间的中心位置，在周围使用一些次要的小件商品作为辅助展示。这种中心位置的展陈方式，简洁明快、能够起到突出主题的作用。

中心陈列一般放置在入口处或是店铺空间的中心位置，可以使顾客从四面八方观看陈列的商品，但同时要注意，陈列道具的高度不能太高，否则会影响整个店铺的视野，遮挡顾客的视线（图2-107、图2-108）。

2. **单元陈列**　单元陈列是指将多种不同的商品，按照特定的造型安排商品，这样排布的方法使繁多的商品形成了一个单元形态，可以使顾客得到强烈的视觉冲击，从而在感觉和印象上更加强化，可以给顾客留下深刻的印象。常见的单元陈列的方式包括三角形陈列和重复陈列。

图2-107　中心陈列—草间弥生设计的LV门店

图2-108　中心陈列

（1）三角形陈列：三角形是最稳定的形状，三角形构图具有稳定、均衡但不失灵活的特点。将其运用到店铺中，在一个陈列面中，将商品或结合陈列道具来安排陈列位置，以构成一个稳定的三角形，增加整体的层次感，使整组陈列更为立体（图2-109）。

图2-109　三角形陈列

三角形陈列的方法：将最高的商品放置在最后面，将中等高度商品放置在中间，将最小、最矮的商品放在最前面，以形成一个三角形结构。

人的视觉更容易关注有造型感的物体，把商品组合成一个三角形结构，更容易吸引顾客的视线。

三角形陈列适合VP展示陈列，壁柜、橱柜陈列的顶部，商品柜内等地方，都可以采用这样醒目的陈列方式。

（2）重复陈列：指将同样的商品或者同样的构造以同样的间隔重复陈列的方法。通过反复强调和暗示，加深顾客对商品和品牌的视觉感受。使顾客受到反复的视觉冲击，会给顾客留下深刻的印象，所有场所、所有陈列道具上，所有商品柜台内都可以使用这样的方法。

而且，在重复陈列商品的时候，应该摆放充足的商品，增加商品的量感，给消费者以饱满、丰富的印象，充足的量感，会让消费者产生有充分挑选余地的心理感受，继而能够增加购买的欲望。所以我们要在设计时，考量如何使店内商品最大的程度上被顾客所看到，并且触手可及，吸引顾客停留的时间更长，并促成最终的消费（图2-110）。

图2-110　重复陈列

3. 特写陈列　特写陈列是指通过突出产品的功能、特点，或利用广告、道具和移动造景手段，起到特别强调产品的作用，这样可以使产品更加吸引眼球，激发顾客购买的欲望。特写陈列的方式能突出重点、目标明确、影响力强，一般放置在商业空间中橱窗、入口、店铺中较显眼的位置（图2-111）。

4. 开敞式陈列　现在很多的商业空间都会采用开敞式陈列，是销售的主流形式，体现了商品经济时代高效、人性化的特点，便于顾客自取、快速浏览，商品全部悬挂在墙面或

图2-111　特写陈列

者摆放在货架和柜台上等顾客可以触摸到的地方，增加了真实感，是一种无柜台式的零售形式，把陈列和销售合二为一，形式自由、富有变化，更容易激发顾客的购买欲望，适用于家用电器、服装服饰、家具家居用品、日常生活用品、食品等。

设计时应注意单元陈列的独特性与整体柜架的统一性，且柜架的高度不应超过人体水平视线，尺度以易观赏、易拿取为宜，这样可以保持空间的通透感、宽敞感与明快感（图2-112）。

图2-112　开敞式陈列

图2-113　闭架式陈列

5. 闭架式陈列　闭架式是使用封闭的透明展柜，需要服务人员管理拿取，并且这样的展柜多配有更精准的灯光装置，为展品提供完美的灯照环境。更多适用于化妆品、金银首饰、珠宝、手表、手机、照相机等小件贵重物品的销售形式（图2-113）。

6. 综合陈列　多种陈列方式的组合使用，能够形成层次丰富的空间效果，综合陈列能够调动各种商品营造各异的艺术场景，给人以浓厚生活气息的感受。陈列时要注意现实感的体现、情调氛围的营造，并且强调艺术创新性，使人既得到启发和审美的享受，又有身临其境之感。顾客在商品琳琅满目、空间变化丰富的店铺中，一定会更加乐于购买，此时满足的不是购买的物质需求，而是一种购物体验的愉悦感。

陈列结构的搭配和选择，需要营造出商业内部空间环境整洁、主题和卖点的明确、风格统一、层次丰富。如果处理不当，很容易造成店铺内视觉上的杂乱无章。因此，注重商业空间的合理布局，讲究空间中商品的陈列秩序，考量通透性的视觉效果，是营造整洁明亮店面形象的关键。设计师应多从消费者角度考虑，用更加敏锐的眼光去发现优秀的陈列形式，打造更优质的商业空间（图2-114）。

图2-114　综合陈列

NIKE鞋店的设计，创意性地使用环形跑道形式，将不同鞋款放置在跑道上，模拟奔跑的感觉。还有些鞋子悬挂在跑道上，不同空间层次的运用，令空间布置更灵动。整个店面颠覆性地使用黑色墙地面环境，只用足够照明照亮主体鞋子，使顾客更专注于鞋子本身（图2-115）。

三宅一生女装店的设计，为了契合三宅一生品牌本身的创新理念，设计师通过巧妙的空间布局、丰富的色调运用及多变的灯光效果，将一种极简主义的美学理念充分体现出来。店面的外墙采用立体的透明玻璃框装饰，室内多处裸露的混凝土墙面及横梁暗合三宅一生所倡导的质朴内涵，并与霓虹色支架形成鲜明的对比。大型落地玻璃窗让室外光线直接照进室内，同时增强了店面的空间感。在选色方面，设计师为店面注入绿色和蓝色的色彩，

图2-115　综合陈列（NIKE鞋店）

令人感觉如置身在海洋与草园之间，给予人安稳的购物体验。裤子、衬衫、毛衣、帽子及鞋子等悬挂或摆放在色彩鲜艳的衣架或搁板上，各种形状的乳白色装饰灯则让室内空间看上去更为柔和（图2-116）。

图2-116 综合陈列（东京三宅一生）

二、陈列原则

商品在陈列时遵循的视觉上的原则，比如通道尺度、陈列密度、陈列高度，是进行设计时应首先考量的原则。

1. **通道尺度** 在商业展示空间中，通道的宽度需要按照场所的规模去变化，合适的通道尺度可以营造舒适合理的空间环境，过大或过小都会破坏顾客的体验感。小的空间，如果通道设置过宽，就不能有效利用空间，不能营造紧凑温馨的空间环境。而大的空间，如果通道设置过窄，则会显得空旷、布局不合理。在小规模的店铺中，一般要保证通道有90～100厘米宽，确保正常的人流通过。而在中型、大型店面中，通道则可以达到120厘米甚至更宽（图2-117）。

2. **陈列密度** 陈列密度是指商品占其所处环境中多与少的比例程度。其具体表示值是由商品所占地面面积与商业空间面积之间的百分比显示的。一般而言，在大型店面中，商品与空间的陈列密度比率以30%～50%为宜，小型的商铺中，比率最多不宜超过60%，否则会造成视觉上的拥堵感。

适当的陈列密度是商家需求与顾客需求之间的一种平衡。它一方面最大限度地满足商家想要更多展出、提供更多信息的心理，另一方面维护了顾客在购物过程中视觉愉悦的基本权益。因此，适当的陈列密度不仅可提高展示的效率，也能使观众在轻松的气氛中完成购物。陈列密度过大，容易形成通道拥挤、心情烦躁、视觉疲劳；而陈列密度过小，又会使商业空间显得空旷、乏味，空间的利用率也会降低，从而影响经济效益。

3. 陈列高度　研究表明，人体的最佳视觉区域是在水平视线高度以上20厘米与以下40厘米之间的

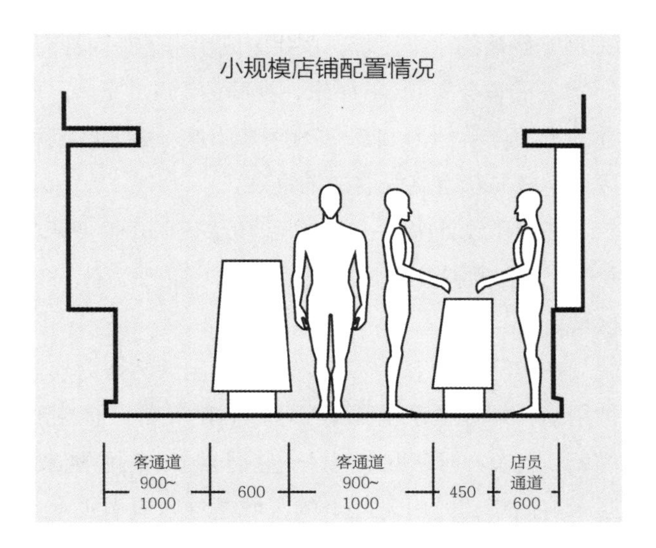

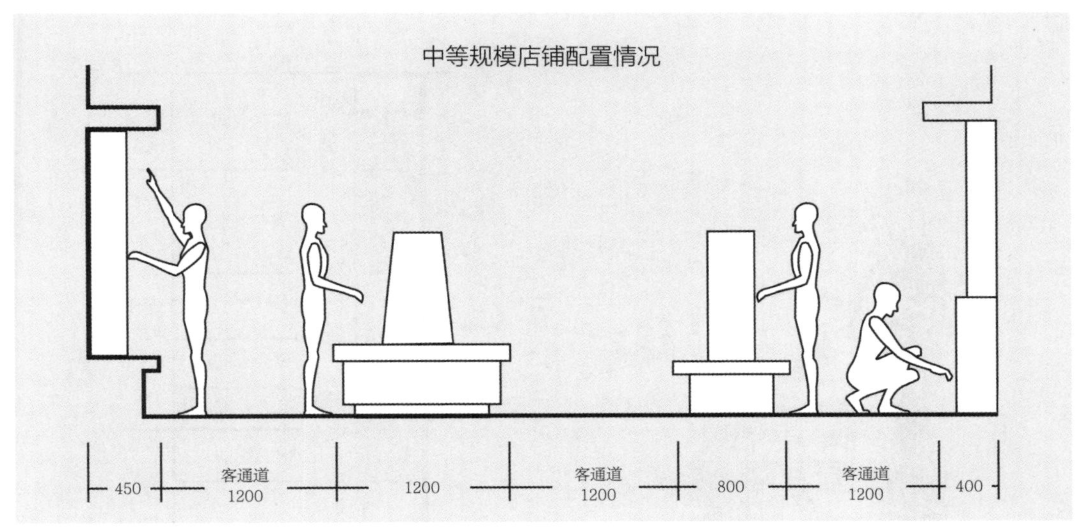

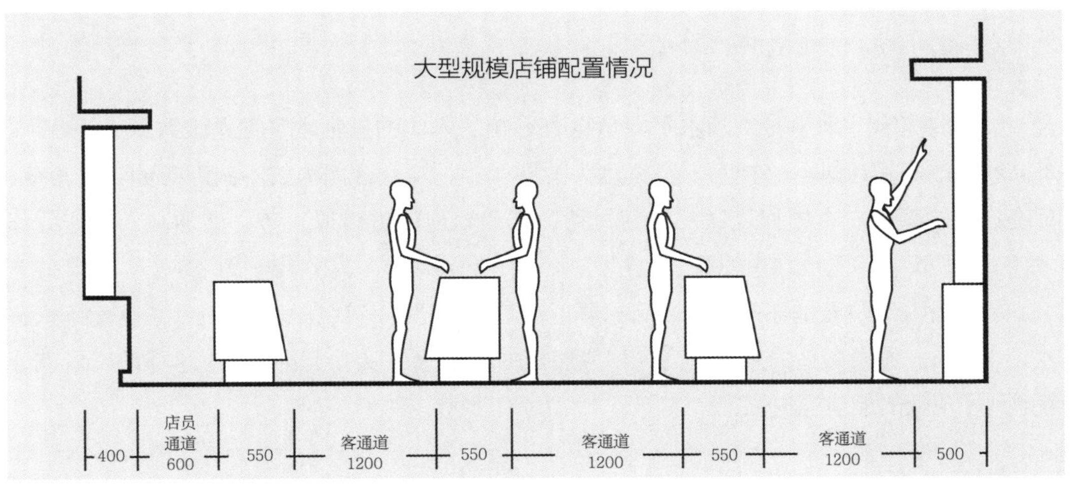

图2-117　大、中、小规模店铺通道尺度（单位：mm）

60厘米距离的水平区域。按我国成年男子平均身高167.1厘米计算[1]，视高为154.7厘米；成年女子平均身高155.8厘米，视高为144.3厘米。两者平均视高约为150厘米，接近这一尺寸的上下浮动值为110~170厘米。这一数值区域可视为黄金区域，展示设计陈列高度在此区域中较易获得良好的视觉效果。

在展示设计中，一般将距地板约60~180厘米的水平区域称为展品的有效陈列区域。这是一个能被观众主动注视的范围。60厘米以下、180厘米以上的区域是观众不易注视接触的区域。

在实际应用中，60厘米以下的区域常作为仓储空间使用，而180厘米以上的区域有多种用途，如导引系统的标示、广告的布置、企业形象的宣传等用途。但其高度一般不宜超过250厘米。但在近些年，一些展会上的展位越来越大型化，许多展位高度远远超出了250厘米。高于250厘米以上的区域是难以吸引观众的近距离目光，但在宽阔的大型展厅中，这样的高度能引起观众远距离的注意（图2-118）。

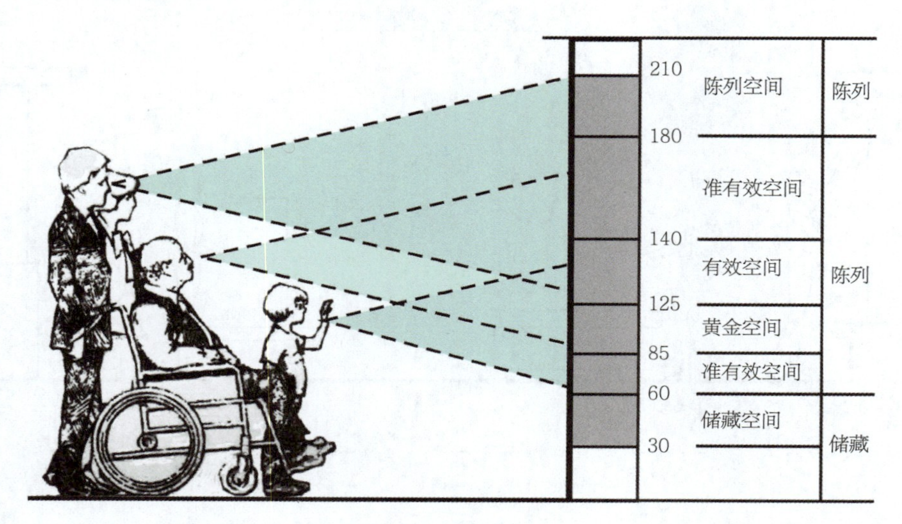

图2-118　立面陈列尺度（单位：cm）

展品的宽窄、大小对人的水平视角也有影响。人们的正常水平视角大致为上下45°。如果展品的高度超过水平视角，在密度大的展厅中，观众会因为找不到理想的观赏角度，而使自己的颈部左右摇摆及腰部来回扭动，或频繁地前进后退，势必增加观众的疲劳感（图2-119）。

在店铺中，如果是陈列小件商品的展柜，其桌面需要高100厘米左右，总高度不宜超过150厘米。如果商品的尺寸较高，相应展柜的高度就可以适当低一些。这样的设置充分考虑到了观众的最佳视觉位置。

---

❶ 国务院新闻办2015年6月30日发布《中国居民营养与慢性病状况报告》数据。

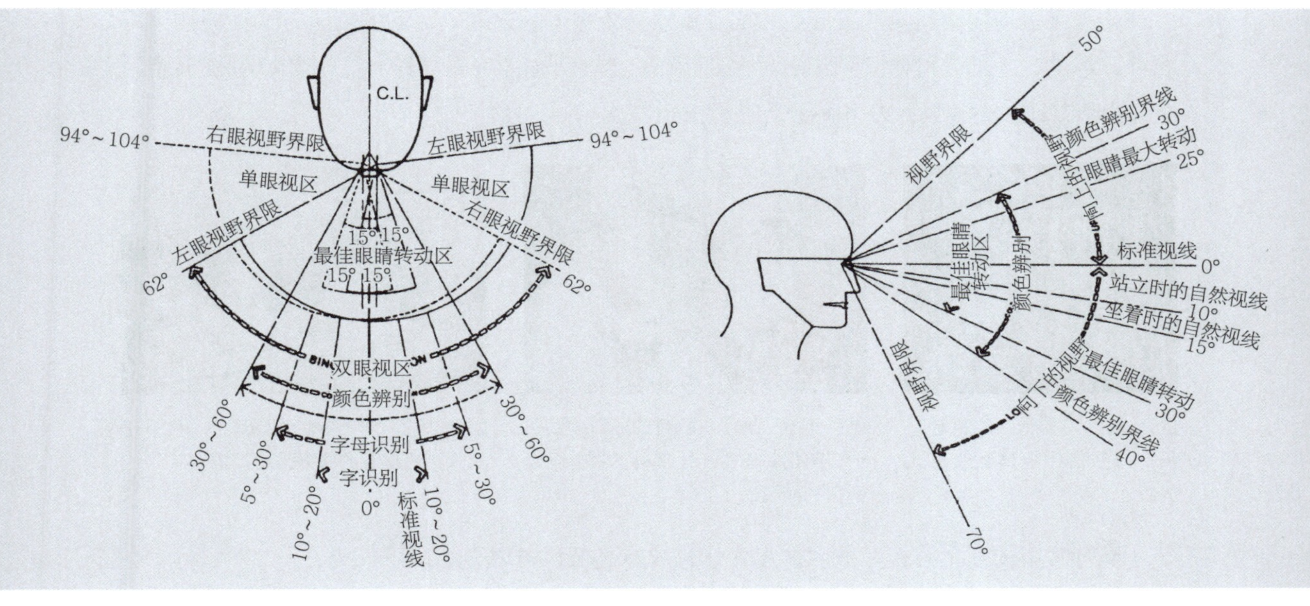

图2-119　视野界限

三、基于互动机制的展示

在当前高速发展的社会形式之下，人们生活节奏越来越快，获取信息的方式也与以前不同，会力求在更快的速度下获得简明、准确的信息。这就要求设计者顺应观众获取信息的方式，在更短的时间内能够迅速、有效传递信息。

研究表明，人们能记住：所读的10%，所看到的20%，所听到的50%及以上，所做的90%。这就是说，如果既能看到、听到，又可以通过讨论交流、参与其中，信息的保持效果会是最好的，受众对体验性更强的内容会印象深刻。

设计师在做展示设计内容安排时，要多加入与观众互动的机制，才能够有效提升信息的有效传递率。互动是形式，不是技术，它可以仅仅是一张纸片，也可以是高端的高科技机制，无论是以哪种方式出现，其目的都是使观众参与到展示的活动环节中来，并触发观众的积极参与行为（图2-120）。

图2-120　展示中的互动环节

带孩子去博物馆其实是最直观的学习和感受新知识的方式。互动的展示方式让博物馆不再冷冰冰的，大部分博物馆都会设计很多新颖的互动环节让孩子参与其中，并提供专业的儿童服务，生动有趣，充满吸引力（图2-121~图2-123）。

图2-121　展示中的互动环节—孩子们亲身体验交互式光纤

图2-122　展示中的互动环节—孩子们在英格兰布里斯托尔科学中心体验伯努利鼓风机

图2-123　展示中的互动环节—孩子在意大利热那亚的博物馆观察蚂蚁

现有常用的互动方式，按照技术含量和成本高低，可以分为以下三类：

1. **互动式展品**　各种互动性游戏的设置，能够使展览变得趣味横生。例如儿童主题的展览馆，会设置一些拼图、魔方、穿衣打扮、印章等游戏的互动案例，这类互动性展品最大的特点是成本较低、易于生产和维护。在与展品互动接触的过程中，观众不再是被动的接收信息，而是以体验性的方式获取信息。例如一个关于“泰坦尼克号”的展会，为每位参观者提供了一张船票，上面附有一个登上这艘致命之船的真实人物的信息介绍，他们的经历是怎样的？他们幸存下来了吗？这样的设计，将参观者代入故事中真实体验认同感更强，同时实现了观众与展会之间的互动。而这个互动的载体只是一张普通的纸片（图2-124）。

图2-124　泰坦尼克号主题展

2. **多点触控屏幕技术**　现在的展会，信息的传播越来越多是通过数位媒介来实现，基于触摸显示技术的多点触摸互动系统可以简单轻松地实现人机交互方式，可以让人和计算机直接进行交互，摆脱了传统的鼠标+键盘的交互方式，所看、所点即所得，大量的影像和图形信息都由展示屏来承载。

相对单点触摸互动，多点触摸技术可以同时在触控区域内产生多个系统响应的点数。例如单点的触摸互动同一时间只能用一根手指触摸，多点则可以同时用两只手甚至更多的触碰点来控制，并可提供多用户同时体验功能，进一步提升了人机交互能力和用户体验（图2-125）。

图2-125　随着触摸而绽放的数字花朵

（1）互动镜面系统：又称互动魔镜，用特殊材质镜面玻璃作为投影介质，它不仅可以照镜子，同时还能看到高画质投影的图像，并可用手指触摸镜子表面，选择自己感兴趣的内容，镜面内的投影内容会被触发并形成互动。互动镜面系统是以背投方式的一种多媒体互动形式。高性能的单面显示屏幕，具有清晰显像、耐光亮等优点。观众通过镜面膜，就好像在照镜子一样，但投影在背投膜上的影像也会展现在镜面上，所以真实影像和虚拟影像相结合，给人以神奇、梦幻般的感觉。

例如eBay曾经联手Rebecca Minkoff商场在纽约和旧金山推出了“智能商场”，店内配备了智能触屏镜。这个镜子会拍照、能互动、会搭配。顾客可以通过镜面查看服装面料信息及库存情况。镜面也会向顾客推荐可搭配的配件。若尺寸或颜色不合适，则可按下镜面按钮让造型师送试衣。即便抱着一颗“逛逛不买”的心，智能镜也有终极利器——试过的服装都将保存到线上购物篮中（图2-126）。

图2-126　互动魔镜

（2）透明全息屏幕：透明全息屏幕是采用了全息技术的新一代创新型背投屏幕，它能提供空中动态显示，透明的显示效果允许观看者在观看屏幕图像的同时还可以看穿屏幕，其外观看起来就像一块透明玻璃，极具科技感。

（3）电子翻书：又称空中翻书、虚拟翻书、魔幻书，外形犹如一本打开的书，它可以投影方式或液晶显示方式来展现。参观者站在展台前方，只需挥动手臂在空中做出翻书动作，电子书就会随着手臂的左右挥动进行前后翻页，同时还可以触摸投影画面上设置的书签进行查询浏览。书中包括有文字、图片、声音、图像、视频等多媒体信息。

（4）墙面、地面互动：通过悬挂在顶部的投影设备将影像效果投射到地面或者墙面上，当参访者走至投影区域时，通过识别系统感知参访者双脚的动作，并与地面或墙面上的虚拟场景形成交互，各种互动效果就会随着参访者的行为产生相应变幻（图2-127、图2-128）。

图2-127　墙面互动

图2-128　地面互动

而在此基础之上，多点触控的屏幕技术、红外线感应技术、声控感应技术，既改变了静态播放的传播形式，又与单独个人的体验方式不同，变成了互相陌生的参观者之间趣味互动的平台，观众可以多人互动参与游戏。例如2010年上海世界博览会的德国馆声控的"动力之源"，在展厅中央巨大的金属球内装有声控感应设备，观众的喊声能够左右金属球摆动的方向，哪边喊的声音大，球就向哪边摆动。设计者将这个巨大的球寓意一个城市，让城市充满活力，需要每个人的团结和努力。这种互动能够使观众在体验科技神奇之余，也获得与其他观众通力合作的成就感和愉悦感。

瑞士博物馆2017年设计了一个以"互动交流"为主题的展览（图2-129）。设计师将抽象的主题"互动交流"做了很好的诠释，分布在三层的展厅之中。受过特殊训练的博物馆工作人员在该展中充当专家、向导以及表演者的角色，但同时，他们又仅仅是普通的参与者，向来访者提问，或者发出挑战。展览运用多种技术手段、各种互动形式，让观众在参与互动的过程中体会到主题的答案。

3. 虚拟现实表达

（1）基于R技术的展示设计：现在正值热门的虚拟现实技术始于20世纪60年代，通过R技术，人们可以全角度地观看这个世界的数字记录，看展览、看展品，数字世界与物

图2-129　瑞士博物馆设计的以“互动交流”为主题的展览

理世界的边界在R技术的加持下被模糊掉了，这将彻底颠覆我们获取信息、产生信息、与世界交互、进行生产的方式，必将改变我们生活的方方面面，也将颠覆展示设计的传统方式。

现在基于R技术已经可以做到将整个展示空间都虚拟化，完全不需要有任何实物的使用了，还可以通过网络发布，让全球人同步体验，而不再是小部分人群的分批体验，打破展示信息传播的地域与时空因素的限制；虚拟的展示形式替代了大量的实物，无形中也是节约了物料的使用，减少了浪费；虚拟的展示形式能够创造出实物场景中不可能出现的幻境、互动形式，大大提高了信息的有效传播。

当今虚拟现实的技术日趋成熟，制作精度、现实程度都越来越高，并且还衍生出VR、AR、MR、CR等多种技术形式。

①虚拟现实（Virtual Reality，VR）：近年来出现的高新技术，利用电脑模拟产生一个三维的虚拟空间，给使用者提供关于视觉、听觉、触觉等感官模拟，让使用者如同身临其境一般，没有限制地全方位观察三维空间内的事物，如博物馆、展会、展览等。内容体验过程中还可以进行互动，如VR游戏可以追踪玩家的移动、步态、视线轨迹、下蹲等动作（图2-130）。

图2-130　VR技术

图2-131　AR技术—手机捕捉到某幢大厦时，其名称等信息就会在画面中弹出

图2-132　AR技术—博物馆里出现虚拟的恐龙和雷电，与真实的观众结合在一起

②增强现实（Augmented Reality，AR）：与虚拟现实技术将现实世界数字化的路径不同，VR是在头盔中带给观者一个完全的虚拟世界，而AR技术是将虚拟信息投射于真实世界。例如，谷歌眼镜就是一款增强现实的产品，它能在人们看到一幢写字楼时，检索显示写字楼的地址、办公单位名称、建筑名称等人们所需要的多种信息。现在各大美术馆、博物馆经常使用AR技术，当参观者面对某个展品，使用手机里的AR软件对展品拍照，手机上会出现这个展品的虚拟动画场景。随着设备计算能力、图像处理能力及网络连接能力的增强，AR技术的运用将越来越广泛（图2-131、图2-132）。

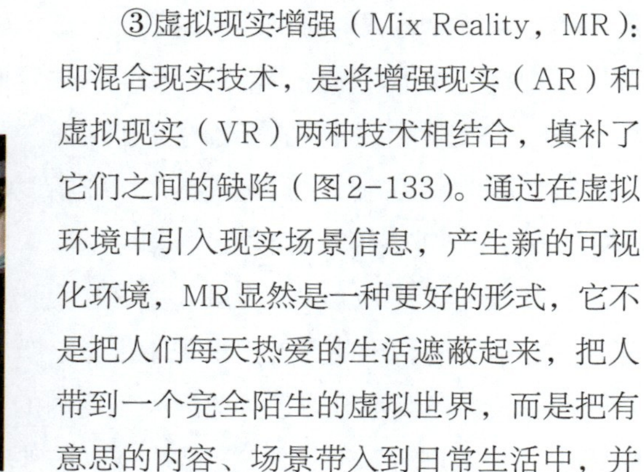

③虚拟现实增强（Mix Reality，MR）：即混合现实技术，是将增强现实（AR）和虚拟现实（VR）两种技术相结合，填补了它们之间的缺陷（图2-133）。通过在虚拟环境中引入现实场景信息，产生新的可视化环境，MR显然是一种更好的形式，它不是把人们每天热爱的生活遮蔽起来，把人带到一个完全陌生的虚拟世界，而是把有意思的内容、场景带入到日常生活中，并且加入了观者与虚拟场景间的交互，因此，

图2-133　MR是VR和AR的结合

MR将是未来发展的方向。

④影像现实（Cinematic Reality，CR）：这是Google投资的Magic Leap提出的概念，和MR的理念相类似，它的核心技术在于，通过光波传导棱镜设计，从多角度将画面直接投射于用户视网膜，从而达到“欺骗”大脑的目的，它不再依赖于通过屏幕投射显示技术，而是实现更加真实的影响，直接与视网膜交互，能够解决目前VR技术中视野太窄或者眩晕等缺陷问题。

（2）虚拟环境购物体验：2016淘宝推出的BUY+就是利用的VR技术，百分百还原购物场景，大大提升消费者在网络购物上的体验。他们使用TMC三维动作捕捉技术捕捉消费者动作，触发虚拟环境的反馈，最终实现消费者与虚拟世界的人和物之间的交互互动。

在BUY+虚拟场景中，观者首先面对的是一个居室客厅，墙面上有多个装饰画框，观者在点击画框的一瞬间，就进入那个画面，飞转到了纽约街头，这时观者坐在一辆敞篷老爷车的后座上，一个白西装黑辫子的黑人小哥一边开车，一边介绍纽约。很快进入了梅西百货，琳琅满目的货柜上摆满了货物，若顾客凝视几秒时，这件商品的详细信息就会在空中跳出来（图2-134、图2-135）。

图2-134　BUY+中的场景

图2-135　BUY+中乘坐直升飞机和敞篷车

BUY+主要使用交互式全景视频技术，在交互控制部分，通过注视点悬停来实现点击，通过控制视频帧位来实现场景中的前进后退。通过VR技术实现场景体验式的购物感觉，模拟传统的线下购物乐趣体验，在货架间巡视那些触手可及的商品，那种满足感最能刺激消费欲望，体验效果非常好。

VR技术尚属初级阶段，还是有很多技术上无法避免的问题，如眩晕、交互方式的匮乏、过大的流量和手机发热等问题，但BUY+给人们带来了一个不那么远的未来的雏形，足不出户的体验式购物场景。

（3）虚拟展厅：敦煌莫高窟是我国四大石窟之一，窟中精美的泥塑和壁画堪称世界艺术的瑰宝。但敦煌研究院曾于1991年做过一个实验，即让40名学生在第323窟内滞留了37分钟。研究结果表明，在这段时间人体呼出的气体使窟内的二氧化碳和湿气含量迅速增高，而要使这些空气散尽则需6个小时。有关人员解释说，二氧化碳和湿气对壁画的破坏作用相当大。那次实验使他们更清楚地认识到问题的严重，现在莫高窟采取参观结束后立即锁窟门，窟内不留人的做法，就是为了降低参观行为对文物造成的危害。此外，莫高窟的400多个洞窟现采取轮流开放的办法，而且每批只开放十几个。

现在，敦煌莫高窟新建了洞窟实景漫游厅、多媒体展示厅等相关配套设施。游客能身临其境、细致入微地观看洞窟建筑、彩塑和壁画。通过观看主题电影，能让游客欣赏敦煌莫高窟产生的历史文化背景和敦煌艺术珍贵的价值，获取丰富的敦煌历史文化知识。

敦煌研究院认为，这样做不仅能分散游客、减少在洞窟的逗留时间，又能全面展陈敦煌石窟灿烂的文化艺术，使游客获得比传统参观方式更多、更清晰的信息，达到保护和利用的双赢目的。

2016年5月，洛杉矶西部盖蒂博物馆中心展出了虚实结合的中国敦煌莫高窟壁画（图2-136）。这次虚拟与现实结合的展览模式对于盖蒂博物馆来说也是一个全新的融合，观展人先观看一组洞穴外部的自然景观，然后戴上3D眼镜，进入一个独立的房间，这个房间里便是复制的洞穴实体，大小和细节都与原石窟一致。墙上的聚光投影下有对于每个独立部分的解释。

图2-136　虚实结合的中国敦煌莫高窟虚拟展厅

团队花费了两年时间打造浸入式空间，在莫高窟考察了超过一年时间，主要为洞穴进行拍照，随后根据三维框架来重构整个洞穴。每个人通过虚拟的场景都可以身临其境地体会一番。

再比如英国艾尔沃斯（Isleworth）奥斯特利庄园（OSTERLEY PARK）的展厅，通过卫星定位系统技术为参观者提供了在手机上可以查看的动态解说，手机上一名古代欧洲美女讲解该展厅的信息，而这位讲解员所处的环境背景，正是参观者所在的展厅，这种身临其境的感受会让人印象深刻，并且在手机上的讲解，避免了对其他参观者视听的影响（图2-137）。

2017年9月，上海的喜马拉雅美术馆“文艺复兴主题展”上，展品集合了达·芬奇、米开朗基罗和拉斐尔三位文艺复兴时期最有影响力的艺术巨匠的作品真迹，但在展出的同时，参观者可以通过APP，扫描部分画作，在手机上看到油画中的人物场景动了起来，这就是使用AR的技术处理，让静态的、古老的、悠远的油画作品，焕发出现代的光芒，吸引更多的观众前来参观（图2-138）。

图2-137　利用AR技术—虚拟美女讲解员

图2-138　古老油画的AR动画

（4）虚拟现实的技术缺陷：VR虽然在近年流行起来，并被预测会成为主流的展示传播形式，取代现有的实体展示形式，但对于一个新生产物来说，它还是有好多方面的问题不够完善，需要时间的磨砺和考验。

①技术尚不成熟：增强现实、虚拟现实当前使用的技术方式，是在眼睛周围创建一个“3D立体视觉系统”，这种技术会让人类的视觉和大脑系统紊乱，使神经系统的“内部产生冲突”，最终的结果是引发恶心、呕吐等不适感。近期继三星Gear VR虚拟现实设备爆出佩戴时间长会产生眼镜内部雾化现象，还有一则关于VR设备延迟率太高的消息发布，甚至出现了因游戏玩家在使用VR眼睛时延迟率过高，与画面不同步，导致头部被撞击。这些事件折射出虚拟现实技术的不成熟。

②VR高成本、技术门槛高阻碍普及：以三星Gear VR为例，它是VR产业的标杆性产品，Gear VR专款专用手机加上VR设备的成本在6000元左右，高成本无形中把广大消费者挡在门外，无法做到广泛普及。

正是因为技术的门槛高，真正生产内容的厂商数量并不多，配套内容很有限，用户购买VR设备后只能体验内置的几个小游戏和视频，根本谈不上用户黏性，且视频内容质量相对粗糙，沉浸感不强。所以，VR暂时还得不到大范围的普及。

科技与数字信息技术的日新月异带动了人们各方面的需求增长，数字多媒体技术、基于R技术的虚拟现实技术，为展示设计提供了更为丰富的技术支持资源；交互式的设计方式，将信息受众地位从被动转为主动，同时也是引发展示设计理念的不断更新，促使展示设计使用更创新的、更综合的思维方式去进行设计，为观众在参与展览的过程中提供了多感官、多通道、立体式的互动体验感受。

第四节 平面设计

除了立体空间方面的展示陈列，展会中所有的具体文本信息都要通过平面展板的排布来传递信息。文字不像图片那么易于理解，需要更多的耐心去阅读，才能够获得信息，如何在展会这样信息纷杂、流动性大的场所中，把枯燥、单调的文字，能够有效、生动、准确地传达到观众，这就需要设计者很好地掌握平面排版知识以及如何将信息清晰地传达给观众的技能是至关重要的（图2-139）。

图2-139 平面文字的表达

一、平面版面的编排

1. 版面的编排

（1）信息层级：文字的内容一般可以分为三四个层级，即主标题、副标题、正文、图片标注。选择对比鲜明的、合适的字体，且各层级字体固定，以保证通篇字体的统一性，营造和谐的视觉效果。主标题的字体可以选用时尚或者带有花样变化的字体，而正文部分必须选择易于辨识的字体，确保流畅的阅读。观众可以通过字体的区分快速找到目标寻找内容，使展示的信息得到明确和强化。

（2）网格化：使用网格化的方式进行排版，有助于规范、统一系列版面。首先要规定好字体大小、行距、行长，确定好主标题、副标题、正文、图片的大致位置，建立清晰的结构后，再做每张具体版面时，只要把具体内容信息和图片进行替换，或者加入少许的变化就可以了（图2-140）。

图2-140 信息层级和网格化

（3）易于理解：顾客的属性决定着图样传播的设计方式。商业空间和会展空间中，人流速度较快，意味着信息的传递需要尽可能少的使用语言、文字，而更多的选择图像，才能令观众更迅速地获取更多的信息。而在受众为儿童的展会，版面设计需要多使用互动性图案和解释的标签，并且要考虑到儿童的识字水平，选择适合儿童的字体和内容，以及增加图案的趣味性（图2-141）。

图2-141　针对儿童的易于理解的展陈形式

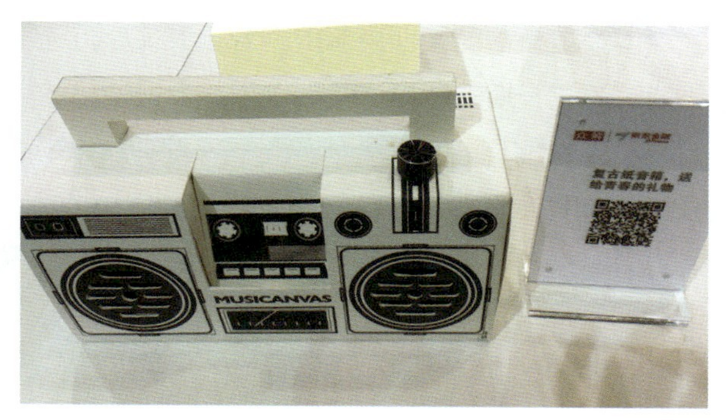

图2-142　使用二维码的解说方式，避免了大量的文字解说

新的技术也催生了新的展示形式，如发布一个科技新产品，有诸多设计理念、设计原理、使用方法等信息需要向观众展示，设计者会在产品旁边配置一张卡片，上面只有产品的名称和一个二维码，手机扫描二维码就可以进入对应网页获得更多详细的产品信息。多维展示形式的结合，确保了展台的摆布简洁、明了，提升观众的兴趣集中度，避免了长篇的介绍性文字出现（图2-142）。

2．字体的选用

（1）易辨认性和可读性：商品的展示说明版面中，涉及标题、版面说明、样本、指示牌、说明书等内容，因信息功能的需求，使用的字体大多为印刷类字体，字体的选择首先要保证人们阅读时能准确、快速识别文字内容。我们一般通过控制字体大小、行的长度、行距等元素，来取得最合适的排版结果。

（2）与内容要符合：字体的选择，要符合文字的性质。展示版面中一般有大标题、小标题和正文，标题一般可以选择较粗的字体以便与正文区分开来，如黑体。而正文中的介绍、说明性文字，一般文字量大，需要阅读比较长时间，就可以选用宋体、仿宋、楷体等字体（图2-143）。

同时，字体的选择还要与文字所要表达的内容一致。如正式场合和严肃的内容，适合选用黑体字，给人以严肃、慎重之感。而一般性说明文字可以选用宋体，给人庄重、平和的感觉。如果是活泼、有趣的内容，则可以使用变化艺术字体来体现轻松、俏皮、可爱的感觉（图2-144）。

中文字体	英文字体
黑体	Humanist（人文主义风格）
宋体	Old Style（旧风格）
仿宋体	Transitional（过渡期风格）
楷体	Modern（现代主义风格）
行书	Slab serif（平板截线风格）
艺术字	Sans serif（无衬线风格）
	Postmodern（后现代风格）

图2-143　中英文字体对比

图2-144　上海自然博物馆中关于地球生态的版面—严肃的主题决定了字体

博物馆类需要长期展示的内容，其文字应避免使用新潮的字体，因为它们具有潮流性，不能够适应长期的展出，并且也不符合博物馆的场所特性。

（3）文字尺寸：此处所探讨的文字尺寸，指的是空间场所中的文字的大小，尺寸的设置应符合观看者的使用、查找、观看的舒适与方便。字体的大小应以最大年龄观众的视觉能力为标准，切不可一味为了美观而缩小字体，防止文字过小、过密集导致观众获取信息不畅。视距与文字大小的比例与人眼的辨识能力直接相关。

文字的行距要大于字距，行距一般在1.5～2倍行距范围比较适宜，一行字应控制在15～25个字符，竖排时字数在20～25个字符间，文字越简短越容易阅读。在实际空间中，字体的大小要考量观众的视线距离和照明程度，以1米距离为例，如果英文字小于7毫米、中文字小于9毫米，就已经难以辨识了（表2-2、图2-145）。

表2-2 视距与字符大小

视距（m）	中文文字大小（mm）	英文文字大小（mm）
40	160以上	120
30	120以上	90
20	80以上	60
10	40以上	30
5	20以上	15
1	9以上	7

图2-145 展馆中文字的大小

二、导视系统

设想一下，如果到一个酿酒厂参观酿酒制造的全部过程，会经过发酵坑、搅拌器械等有安全风险的器械，参观者应该按照什么样的线路行走，才能确保安全、完整地参观完整个线路，并且知道回到哪里坐车。在这繁忙的加工场所里，如何把员工和参观者的出入区分开，这都是需要周全考虑的。这就是导视系统需要完成的工作。

导视标识主要起到引导、指示作用，用在商业空间中疏导交通、维持秩序、指示方位和方向。特别是一些大型的商业空间，空间面积广阔，消费者易迷失方向，此时设置具有指路功能的导视系统就显得尤为重要。因此，导视系统不仅具有指示和引导作用，同时也是消费者首先接触到的企业视觉形象，它不仅可以解决消费者的路线、流线等问题，而且也是企业文化的重要组成部分（图2-146）。

图2-146　Silesian博物馆视觉导视系统设计

所以场所内的导视系统需要具备以下几方面功能。

1．指引线路　导视系统首先要满足人们对环境信息的了解和提供选择。商业空间里包含了各种信息的传递，还有安全、交通、疏散等配套设施，它们共同构成了整体空间的环境。在观众进入场馆时，一个易识别的环境有利于人们形成清晰的感知和记忆，对于根据指引选择正确的流动方向，寻找目标都有积极作用。特别是在大型的空间里，人们无法凭借着简单的视觉巡视就能清楚地把握环境，明确自身位置。因为人们对环境信息的同时识别是有限的，人的注意力一次能够关注视野范围6～7个物品，所以在信息量巨大的场馆中，需要清晰的导视系统，才能帮助观众寻找目标、选择正确路线（图2-147）。

图2-147　奥地利OK当代艺术中心导视系统

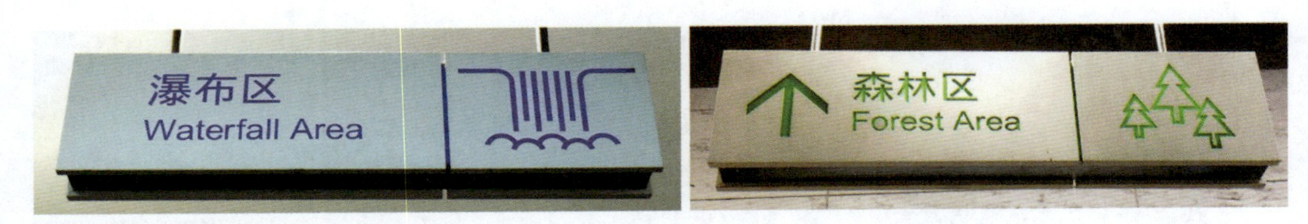

图2-148　通过分区明确坐标定位

2. 明确坐标定位　在大型的商场中，因场地面积较大，一般都会对场地进行分区，多使用字母“ABCDE”等来代表，导视系统的合理设置，能够帮助观众明确自己所在的分区、位置，起到明确坐标定位的作用。如图2-148所示中的分区使用了瀑布、森林来进行区域划分。

导视系统设计中的色彩也要按照标准色统一实施，对会展的内外空间，使用色彩分区和色彩联系的方式来进行管理，不同区域使用不同的色彩，使观众能够根据色彩识别自己所处在的区域。

3. 以人为本　导视系统的设计不仅仅带来的是准确、简明的信息，还要使人方便、舒适地使用指示系统，而且能够从指示系统的使用中获得视觉上的美感，心理上的享受和愉悦感。

导视牌在空间节点上的布位，应符合人体工程学，注意空间界面处标识牌的设置。在展示空间中，按照行人的前进路线，根据人的心理需求和行为特点在需要的位置和距离上进行布设，即在消费者心理上有需求的时候就应该出现导向信息，保持视觉中印象中的连续，而且所有的导向要素在使用环境中都应该做到醒目、容易被发现（图2-149）。所以，在交通通道的交汇处、转折处，扶梯、电梯门口等节点处，必须设置导视牌，方便消费者迅速明确自己的方位。

图2-149　车库导视系统

4. 导视标识的设计原则

（1）简洁原则：导视标识图标的设计要求简明直接、易于辨识，如一个主题公园可以仅仅是一个大转轮的简单图样，安全出口一般都是一个奔跑的小人形象，此类标识设计遵循一定的规范性，以确保图标含义不会被误解。但同时也要有特色，使整套标识皆可以明确识别，又可以做到风格鲜明。标识可以是指引作用的，也可以是解释说明作用的，无论哪种都应采用易识别的字体，附以明确的色彩和简洁的图形（图2-150）。

图2-150　yotel酒店导视系统设计

（2）准确原则：导视中图标的设计不是只为了美观而设计的艺术品，它最重要的是清晰、迅速、准确地传达信息。图形在导向系统中能弥补文字信息传递的不足，且直观、准确地传递相应信息。图形的设计需要从受众的理解能力和识别能力出发，以图形含义不会产生误解为原则，即可轻易识别并准确理解其所代表的含义。

导向标识往往处在纷杂的空间环境中，想要有效地传达信息，就要在环境中脱颖而出，同时也要融入环境，成为环境的一部分。

（3）前后一致原则：在大型空间中，某个特定区域的导视内容会重复出现很多次，那么这些相同的导视内容，在设计时就要保证前后一致。例如导向服务台的所有导视内容应一致，否则会导致顾客无所适从。

（4）统一性原则：导视系统是商家整体形象的一部分，是设计元素的具体应用，其色彩、标识字体、图形等设计元素应与整体形象保持统一，这样消费者才能迅速识别并理解每个导视信息（图2-151）。

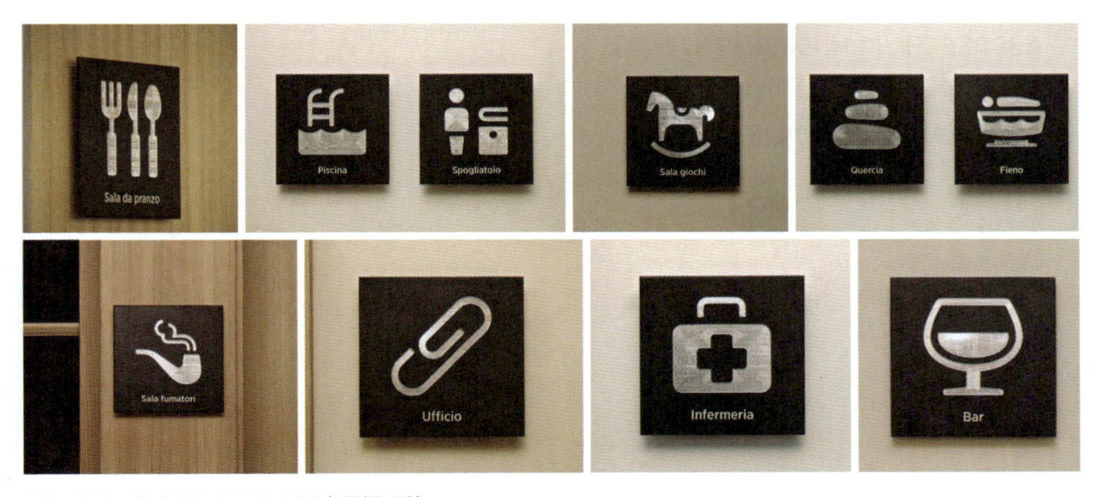

图2-151　意大利 LA SOLE酒店导视系统

第五节 品牌形象

优秀的商业空间设计都是源于对各空间设计要素的整体协调把握和综合运用，在进行具体设计时，通常需要围绕一个设计主题概念展开，从不同的角度对设计概念进行阐述、解读和表现，综合运用空间、材料、色彩、灯光、声效等设计语言，调动视觉、听觉、嗅觉等多种感官。这些都导致商业空间设计朝着整体化的方向发展，会更加注重品牌文化与产品的营销，体现场所空间整体设计的理念。设计元素的整体综合考量，可以帮助企业表达明确的经营理念和企业形象。

图2-152 基础系统—优衣库标志

图2-153 基础系统—标准字与标志的规范组合

一、企业品牌形象（VI）概念

VI即Visual Identity，通译为视觉识别系统，是CIS系统最具传播力和感染力的部分，是将CI的非可视内容转化为静态的视觉识别符号，以无比丰富的多样的应用形式，在最为广泛的层面上，进行最直接的传播。VI就是以标志、标准字、标准色为核心展开的完整的、系统的视觉表达体系。将企业理念、企业文化、服务内容、企业规范等抽象概念转换为具体记忆和可识别的形象符号，从而塑造出独一无二的企业形象。

VI系统一般包括基础系统和应用系统。基础系统设计包括企业名称、企业标志、企业造型、标准字、标准色、象征图案、宣传口号等（图2-152、图2-153）。应用系统设计则包括产品造型、办公用品、企业环境、交通工具、服装服饰、广告媒体、招牌、包装系统、公务礼品、陈列展示以及印刷出版物等（图2-154）。

一个好的VI系统，首先可以准确表达该企业的经营理念、企业文化，以形象的视觉形式宣传企业。其次，可以营造独特的视觉符号系统，吸引公众的注意力并产

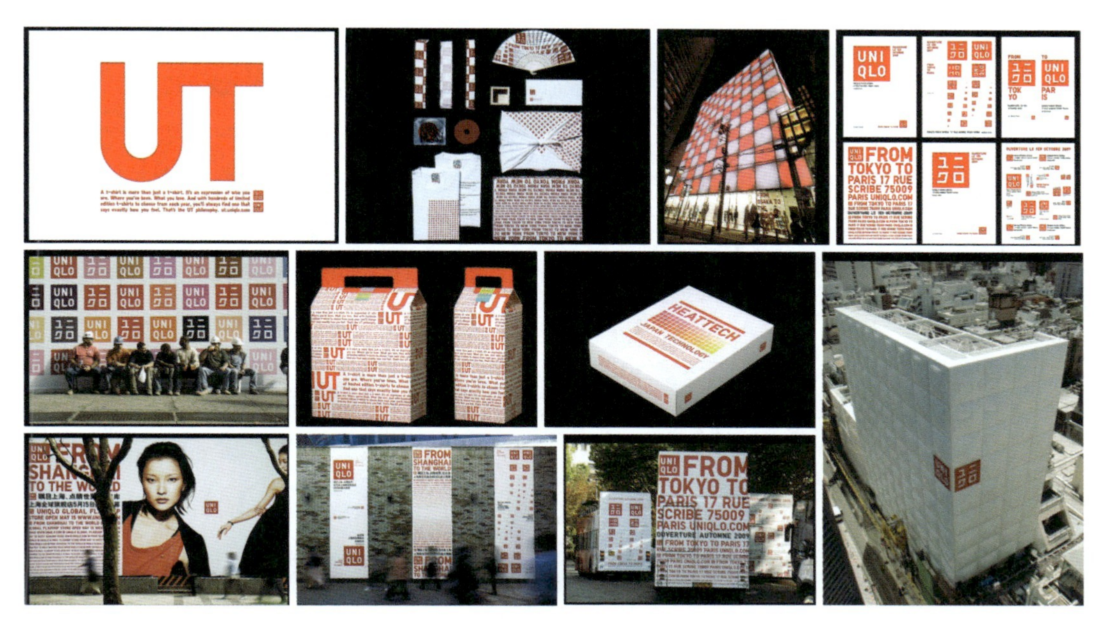

图2-154　优衣库VI应用系统

生深刻记忆，有助提升消费者的品牌忠诚度。再者，帮助企业树立良好的企业形象，建立统一的、区别于同类其他企业的视觉管理体系，确保该企业在经济活动当中的独特性和不可替代性。最后，它可以提高该企业员工对企业的认同感，提高企业士气。

但品牌不是商标。品牌所涵盖的领域必须包含荣誉、产品、企业文化及整体运营的管理。因此，品牌不是单纯的图形象征，而是一个企业的企业竞争力的总和。品牌不仅包含名称、徽标、系列的平面视觉体系，还包括立体的视觉体系。

二、企业品牌标志的设计

在店铺展示空间中，企业品牌的形象应当得以延展。而作为核心、体现企业文化内涵、作为视觉体现的标志，更是被运用在很多地方，如门头、前台、背景墙等。专卖店的门头、背景墙、橱窗是企业形象设计的重要组成部分。这些因素以及标志、展示道具的统一性运用在连锁型的品牌专卖店内尤其重要，既可以加深人们对该品牌的认知度，也便于形象上的管理（图2-155）。

图2-155　店铺门头

在设计标志之初，设计师要了解企业背景、文化、精神、个性、经营理念等方面信息，并将这些信息融入标志之中，再以标志为基础进行企业形象识别系统的整体设计。标志是全部企业识别系统设计的核心，它的形象需要符合该企业的特征、文化内涵和精神，也是消费者记忆企业品牌的重要图形。企业标志的图形、文字、色彩的组合模式要有明确的统一规范，否则会造成降低企业形象的明确度。在企业识别系统中，如办公用品、商品及包装、商场造型及装潢、员工着装及胸卡，设计中都必须出现标志，以确保标志在视觉形象系统中的进一步统一和延展。同时，在应用标志的时候，不应是简单的辅助粘贴，将标志贴在背景墙面上或者简单地悬挂一些企业标志的吊旗。而应是考虑标志如何在三维空间中巧妙地展示出来，既要符合统一的视觉形象，也要做到新颖别致、独具一格（图2-156）。

图2-156　欧洲ITI品牌应用系统

企业应总结品牌的特点，有针对性地推广完整、统一而清晰的品牌形象，通过含义明确、造型简单的符号形象，将企业的精神面貌、行业特征等充分地体现出来，以便消费者的识别。

三、企业品牌色彩的塑造

色彩是最先让人感知的视觉要素，具有极强的识别性和传播力，是企业品牌形象的重要体现。

据相关资料分析，在人的视觉对某一物体进行观察时，色彩感官最先被感知，在开始的20秒内，色彩占80%，造型占20%；2分钟后色彩占60%，造型占40%；随后，色彩的印象依然会在人的头脑中继续保留。因而色彩在展示设计中是最先被观看者感知的，并且会通过视觉的感受在人的头脑中留下印记。在空间展示中色彩的选用一般是与企业形象识别系统是一致的，以品牌的标准色、辅助色作为商业空间展示设计的色彩，这样可以让人感受到商业空间色彩、展品的色彩和视觉识别系统中的色彩是相一致的、是协调统一的，便于消费者认知品牌，留下深刻印象。

因此，一般情况下企业的空间色彩的设计中，大多是以企业的标志色及其延伸的辅助色作为基础色调来进行设计的。标准色是企业指定的一个或一组色彩，即象征公司或产品特性的指定颜色。例如科技公司的标志色彩常会用蓝色体现，以表达公司理性、可信任、未来感、科技感的行业特征。可口可乐使用红色，凸显热情、活力之感。乐高的红色与明黄色的搭配，体现的是卡通式的童趣（图2-157～图2-162）。

图2-157　三星标志

图2-158　三星展台

图2-159　可口可乐标志

图2-160　亚特兰大可口可乐博物馆

图2-161　乐高标志

图2-162　乐高店的红色与黄色搭配

在当今全球化、同一化的趋势之下，各种全球化品牌更需要仔细挑选品牌色彩。色彩选择策略的目的是传达行业类别、品牌定位和品牌独特性。品牌的标志图形与色彩也要与竞争者相区分，从而在消费者心中获得独一无二的地位，并进而影响消费者的感知和行为（图2-163）。

微软与谷歌比肩互联网企业的巨头，LOGO的色彩也巧合性地选择了红、黄、蓝、绿四色。如果把两者四种颜色的饱和度拿来进行对比可发现，微软的颜色显得更饱满、鲜艳一些，体现着未来数字化。而Google的色彩饱和度则普遍偏低，体现着企业所倡导的现实世界感。这中间细微的差别，真是一个非常有趣的现象（图2-164）。

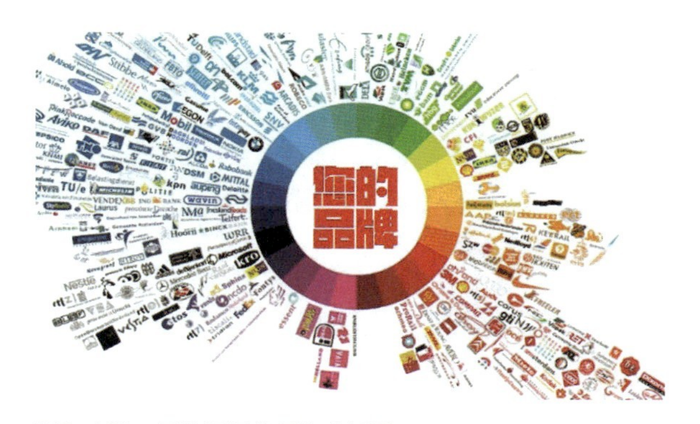

图2-163　品牌标识的用色分析图

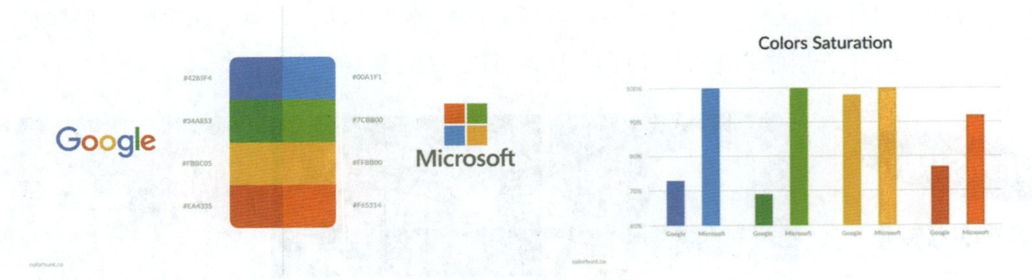

图2-164　两个标志用色的比较

四、企业品牌标准字体的运用

标准字与标志、标准色是企业视觉识别系统中同等重要的基础元素，文字最大的特点是具有较强的阅读、说明功能，人们可以轻松地通过阅读知晓公司的准确名称。同样人们也可以直接通过文字了解企业的产品和企业信息，从而达到突出企业形象和品牌竞争力的目的。它的基本功能是传递信息，是人们交流时使用最普遍的信息工具。

标准字和标志一样，也是企业文化的一种象征，它能够通过文字的形式，准确地传达企业形象，强化品牌诉求力。在设计中，应易于阅读，字体具有艺术美感，文字的风格要与标志风格统一、和谐。

图2-165　苹果标志

图2-166　SF字体用于电脑和手机，而SF Compact用于苹果手表。两者在“o”“e”这类圆形字母上可以看出区别。SF compact的竖线比SF更平坦

标准字体是企业根据自身企业形象、个性、精神特点，设计而来的该企业专用的标准字体。除了要与其他企业用字有一定的区分度，还要区别于一般的印刷字体。在设计标准字体时要对字体的变形、笔画的粗细、字与字之间的间距、行与行之间的间距，都有明确规定，这样才能最大限度地确保标准字体的统一性。要仔细、严谨、尽可能地突出企业的特点、个性，并且带给消费大众视觉冲击，使其记住企业品牌。

苹果公司一直在开发更为现代、更加贴合自身风格的字体，2015年开始使用San Francisco字体，替换了之前的Helvetica Neue成为iPhone、iPad系列设备的默认字体。苹果将官方主页的英文字体也更改为了San Francisco，根据和之前苹果官方网站对比，新字体整体更简洁、清爽。更为现代、更加清晰的棱角，更加匹配Apple Watch的显示状况和需求（图2-165~图2-167）。

对于苹果这样的全球型企业，其在各个国家的当地文字的字体都有严格的规范，例如在中国，任何一家苹果店都会看到统一的苹果中文字体，行距、字距都有统一的规范，

这正是严格执行VI规范的结果。

五、企业品牌形象在商业展示空间设计中的塑造

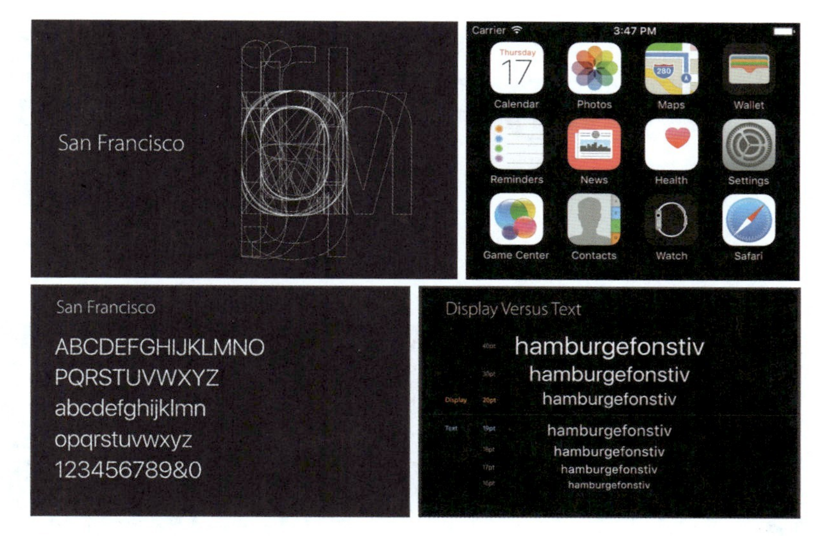

图2-167　苹果旧金山字体

企业品牌形象在商业展示空间中，既要做到平面视觉形象和立面空间形象的一致，也要考虑企业品牌形象在空间中的延展和变化。现在市场上，多数的商业空间展示形式是使用品牌标识、标准色和标准字体来强调品牌形象。而现代人们关注的焦点逐渐转移到商业空间，因而营造特定氛围的商业展示空间显得也尤为重要。所以将商业空间展示和品牌形象要有创造性地、有机地融合，才能打造出过目不忘的商业空间。

商业空间中要完成对空间的划分、平面布局规划、展架/展台的设计、展板的设计、视觉形象的设计，运用造型、色彩、多媒体、动态等多种表现手法来营造氛围，展示主题商品。将企业的品牌形象通过空间的形式展示出来，提升品牌在受众心中的认知度。

在展示中表现品牌形象，不仅仅是表象的表现，还应该考虑受众从看到的视觉形象中，体会到的企业理念、品牌精神。因此我们的表现元素并不是照搬VI，而应是基于对品牌的认真解读分析之后得到的反映精神实质和文化内涵的设计概念形象。

无论是直观的品牌形象还是抽象的企业理念的传达，都要对企业品牌进行全面的分析调查，结合企品牌业理念、品牌文化，针对不同时期的市场需求，制定适合自身品牌发展的经营策略，让消费者对企业品牌能够产生心理上的接纳和共鸣，进而达到认可品牌的最终目标。

各个品牌在统一空间视觉形象的时候，常会使用标准色，用于形成统一的视觉色彩识别，让顾客依据色彩就能够识别品牌。

澳大利亚护肤品牌伊索（Aesop）和西班牙鞋履品牌CAMPER都以连锁门店的差异化设计而闻名。Aesop是经营护肤品的品牌，其产品强调有机、天然、高科技，它以每个城市门店的风格迥异而闻名于业界，不变的黑色贯穿始终，低明度的灰色调搭配，虽然每个店铺的样貌看似不同，但从品牌形象、产品包装到店面的设计，都可以感受到该品牌统一的品牌气质（图2-168~图2-175）。

Aēsop®

www.aesop.com

图2-168　Aesop标志

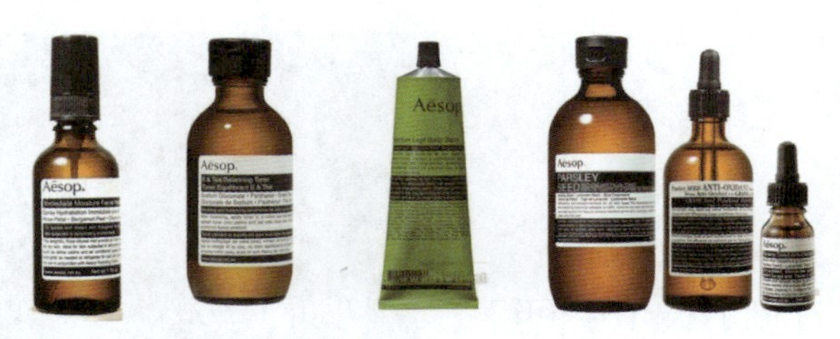

图2-169　Aesop的产品

图2-170　Aesop门店

图2-171　Aesop ION店

图2-172　Aesop大阪店

图2-173　Aesop某门店

图2-174　Aesop挪威店

图2-175　Aesop札幌店

相比伊索的内敛，CAMPER的店面设计则更多夸张的表现、更富有想象力，大红色的LOGO特别强调地放在最醒目处，红色、白色常作为店铺主色调（图2-176~图2-180）。

图2-176　CAMPER门店

图2-177　CAMPER墨尔本店

图2-178　CAMPER大阪店

图2-179　CAMPER纽约店

图2-180　CAMPER米兰门店（隈研吾）

运动品牌NIKE公司常在众多专卖店的设计上强调运动元素，如跑道、球场、绿草坪、色彩、强调动感等方式来表现品牌的运动精神（图2-181、图2-182）。

图2-181　NIKE橱窗

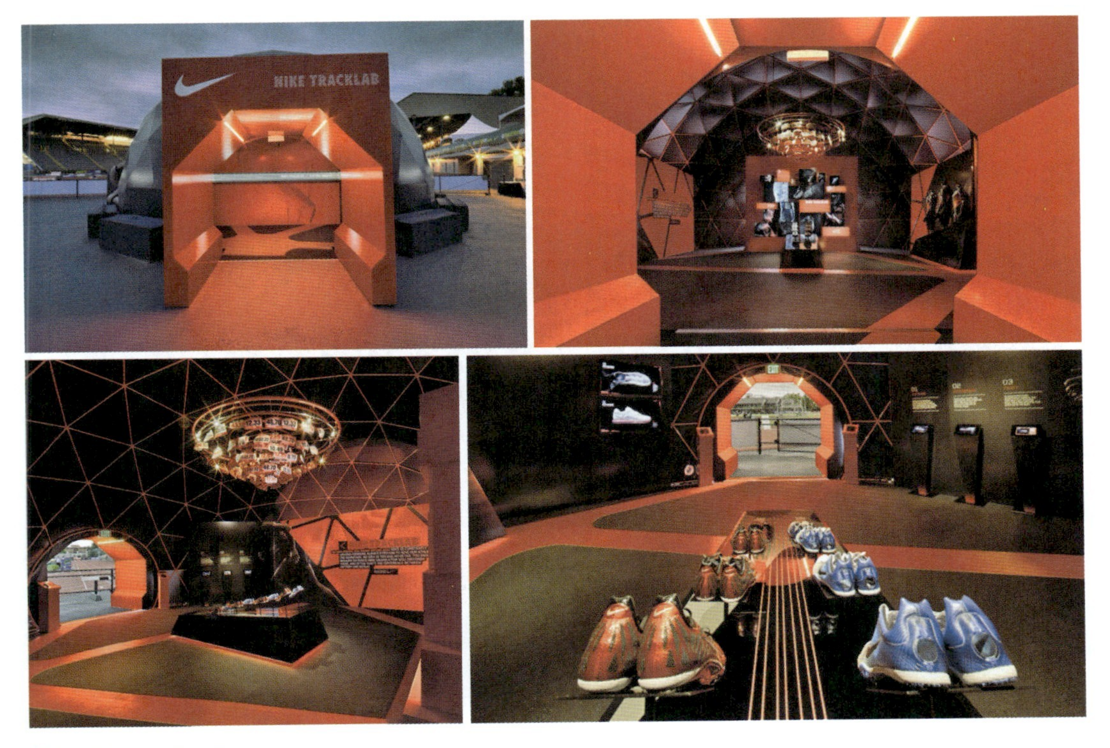

图2-182　NIKE展示

思考与练习

训练一：流线的设计

针对图2-183～图2-186中四个不同的形状空间商铺，分别用作超市、服装店、家具店、书店的情况下，运用所学功能分区、流线设计、人体尺度等知识，进行平面布局，形成合理、顺畅的，适合该商铺类型的顾客流线。

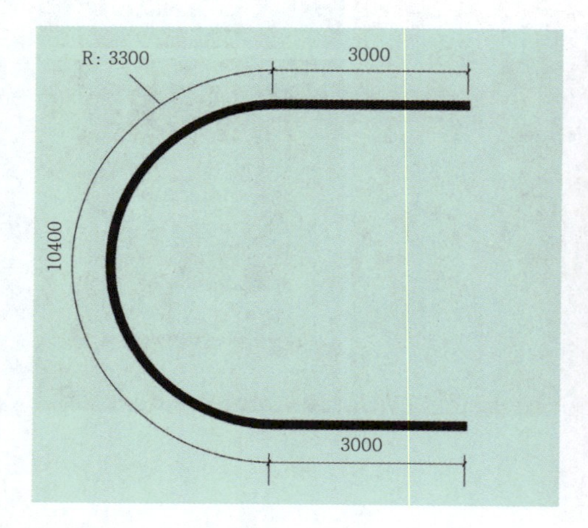

图2-183　超市平面图（单位：mm）

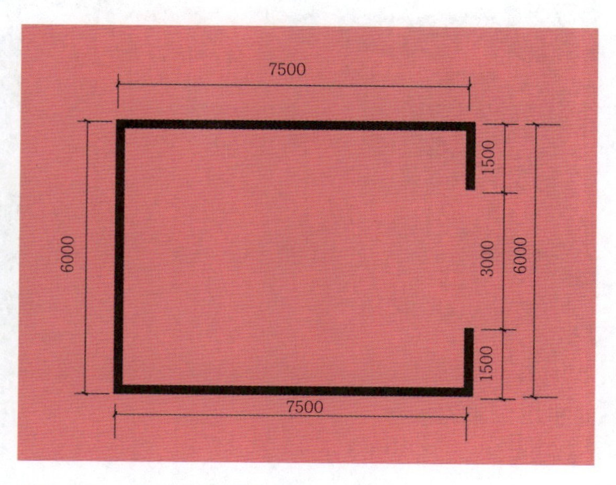

图2-184　服装店平面图（单位：mm）

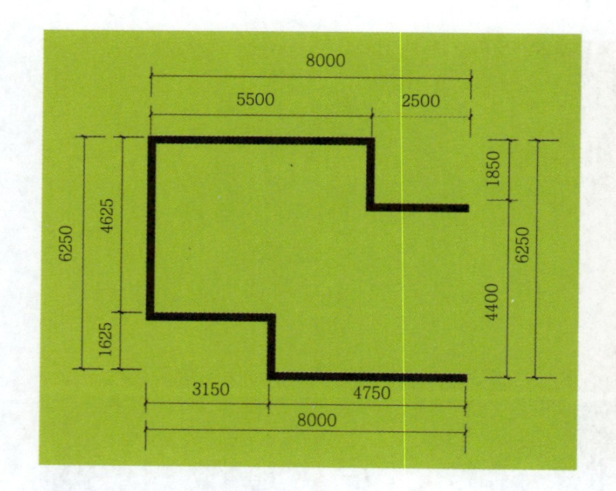

图2-185　家具店平面图（单位：mm）

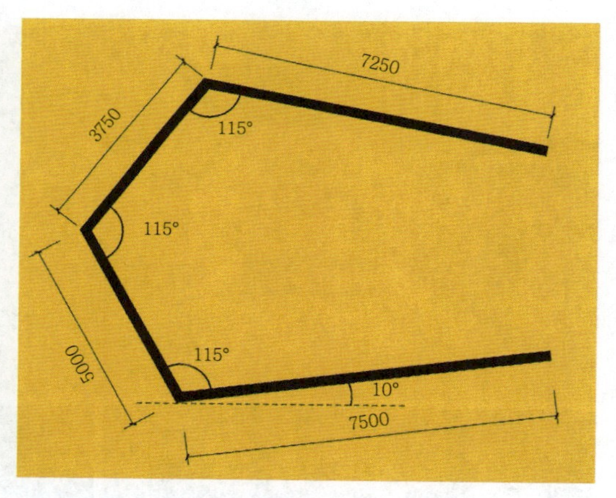

图2-186　书店平面图（单位：mm）

训练二：特定品牌的主题环境分析和表现

对NIKE跑鞋、飞利浦空气净化器、博仕冰箱这三个品牌的品牌价值、理念进行分析。运用脑地图的方式，分析每个品牌的关键词，根据关键词联想适合的商业展示主题。再从主题延展出视觉元素，并思考、探讨如何运用于空间设计中。

商业空间展示设计的流程

课题名称： 商业空间展示设计的流程

课题内容： 设计的流程

新阅面包店空间设计

归雁主题餐厅空间设计

芯易斋心理培训机构空间设计

课题时间： 20课时

教学目的： 通过理论知识的讲解，结合分析实际案例设计过程，使学生了解商业空间展示设计的完整流程。

教学方式： 讲授法、讨论法、演示法、任务驱动教学法、项目教学法。

教学要求： 1.了解前期调研的方法和原则。

2.掌握完整方案设计的方法。

3.了解施工验收的标准和要求。

4.能够按照正确流程步骤完成自己的设计方案。

第三章 商业空间展示设计的流程

第一节 设计的流程

设计师经过长期的设计实践总结出一套完整的、合理的商业空间设计程序，这套流程具有科学性和规范性，按照设计程序逐步进行设计，可以保证后期工作的顺利开展，也为设计本身提供切实的依据和指导，确保设计工作的质量和效率。

商业空间的设计流程是从商业空间解析到设计概念立意、再到空间设计及其设计图纸表达的全过程。其基本构思过程为：空间解析→功能组织→立体构思→细节构思→设计图纸表达→施工，具体包括设计先期调研、消费者定位、品牌定位、设计概念生成、深化设计、方案表达、细部构思等一套完整的环节。

一、先期调研

项目在准备设计之前，需要充分地对商业空间场地、消费者、品牌定位进行调研。通过调研场地情况，才能分析其空间构成及环境设计特点；调研消费者心理特点、性格喜好，才能了解市场的需求；分析设计的目标和任务，才能为拿出优秀的设计方案打下基础。

1. 商业空间场地分析　商业空间的场地分析在商业发展战略中是一个重要的环节，需要从综合场地环境、空间状况、人文地理等多方面的因素分析入手，以确定该商业空间最终的定位。商业空间的调研需要包括：

（1）商业空间的周边环境、交通状况、人流情况、通道设置情况，包括周边配套商业设施和公共设施。

（2）商业空间的建筑高度、开间进深、内部空间构成情况。

（3）商业空间所在地的民族因素、地理环境、区域文化因素，以便将当地文化特征融入商业空间设计中去。

除对周边环境、空间内部结构需要进行分析外，还要分析经营商品的品牌特征、企业文化内涵、商品品质，是实现商业空间中人、商品与环境有机统一的基础。

2. 商业空间中消费者分析　消费者是商业活动的第一推动力，消费者的需求变化指引着商业空间设计的变化和发展，产生更多的经济力量。对于消费者心理需求满足的关注渗透于商业空间设计的方方面面。

（1）不同年龄人群的分析：不同年龄段的人群，消费的心态、需求各不同。

比如青年人群，精力充沛，对世界充满好奇和探索之心，可自由支配时间相对较多。他们在商业空间中的需求更倾向于更多的交往和娱乐，在商业活动中的参与要求丰富而强烈。

而中年人，一般都有工作和家庭的负担，时间和精力都有限，对参与性、交往体验类型的活动兴趣较低。他们在活动中比较以实用性为准则，参与活动往往多为旁观性质。

那么老年人一般处于退休状态，时间比较充裕，渴望交流。他们喜欢比较热闹而不喧闹的场所，针对老年人的商业空间应以休息、感受和交往为主，伴以少量的消费活动。

（2）不同性别人群的分析：女性消费者较男性消费者而言，在购物时不会有太多明确的目标和计划，在逛的过程中如果受到消费诱惑，比较容易达成消费。而男性则会在购物前已经有了明确的购物目标，较少受到计划外消费的诱惑。

女性的消费方式会倾向仔细挑选、反复比较，购物的决策时间会更长。而男性只要觉得质量是满意的，通常不会对其他店铺的同样商品进行比较，决策时间会较短。

女性消费者有结伴而行的习惯，在商业空间中结伴而行的以女性为主，如姐妹、母女、情侣、夫妻等。结伴是最常见的女性购物方式。

（3）不同购买动机人群的分析：不同的消费人群有不同的购买动机。

比如有些人群注重商品的实用和实惠，购买习惯相对保守，比较相信传统习惯和经验。不易受商品包装和广告等外在因素的影响。

而有些人群会比较在意购物的环境，倾向于选择求新求异的商品，这类人群购物不是因为急切的需要，而是由于浓厚的感情因素和偶然性。商品广告和环境氛围对他们的购物选择有很大的影响。

3. 品牌定位分析　随着审美标准和服务需求的增强，简单的买卖行为已不再是人们商业活动的唯一目的，大量的附加行为，如获得愉快的购物体验、商品品牌的附加等是消费者更加关注的。

现代商业的品牌体现着文化内涵，在一定程度上，品牌定位与空间环境是相辅相成的。品牌的定位决定着商业空间的定位，一个完整的、可持续发展的商业空间不仅要在品牌上找准定位，也需要进行周期性的品牌定位创新。品牌定位要随着市场变化而适时地进行战略调整，以确保品牌贴近消费者，贴近市场。

现在企业间的竞争更多地呈现为品牌文化的竞争，品牌定位的核心是注重文化内涵，创造自身特色。

在商业空间品牌的定位上，应把握品牌形象的个性和核心价值，使空间设计作为企业形象的有效延伸，既最大化利用空间的价值，又保持品牌传播的统一性和连续性，形成视觉冲击，使品牌和消费者产生情感上的共鸣，刺激顾客的购买。

二、方案设计

1. 主题理念的提炼　一个商业空间如果想要在众多商家中脱颖而出，其空间的设计必须要有创意主题理念的支撑。例如某家具店，以海底世界为主题，将空间设计成海底的感觉，家具仿佛海底的海葵、石头、鱼一样。再如某鞋店使用七彩色的鞋绳，在空间中形成彩虹贯穿其中的感觉。这都是使用主题理念塑造个性的空间。

在每个空间设计之初，都要在分析调研内容基础之上，进行合适的主题理念的提炼，并呈现该主题的具体效果。

主题理念设定确认后，方可进行设计环节。

2. 方案的表达　表达整体的方案理念，需要通过设计图纸将主题理念和细致的深化设计思路完整地表达出来，即通过平面布置图、功能分区图、流线分析图、立面图、三维效果图表达整个项目完整的设计理念。

平面布置图、功能分析图、流线分析图可以从整体布局上展示整个空间的安排与布局，可以清晰地展示整个方案的情况。

通过具体的立面设计和剖面图可以更加明确地了解商业空间中的人的尺度感和实际效果，也可以更加清晰地了解整个空间中材料和色调等具体内容是怎样的呈现。

而三维效果图则可以更加直观、清晰地展示出空间中具体的环境与效果，是最佳直观易懂的了解设计方案的途径。

三、现场施工实践

商业空间设计过程包括施工图设计和施工设计两个阶段，通过先期调研及主题理念构思，设计师反复完善商业空间的设计方案。在与客户反复沟通，方案确定好以后，设计师将进入装修施工图的深入设计。

1. 施工图设计阶段　在施工之前，施工人员、客户、设计团队应一起对商业空间的设计进行沟通确认。设计师应向施工方说明设计意图，对设计方案进行详细的说明，将设计图纸所需的施工工艺说明清楚。设计的整体方案图经过施工方审查完成后，根据其提出的建议对整体设计空间进行修改完善。在实际的施工阶段，要根据图纸进行尺寸和材料的核对，根据现场的实际状况进行局部的设计修改和完善。

施工图的设计是将方案进一步规范、细化、完善直至变成工程图纸，这是在施工过程中的必备的科学性指导文件。

装饰施工图的总体编排顺序是先整体后局部、先平面再立面。一般顺序为图纸目录、设计说明、装饰平面图、天花平面图、地面铺装图、装饰立面图、剖面图、节点详图。

设备施工图则包括消防工程施工图设计、给水排水改造施工图、强电弱电线路改造施工图、空调通风施工图设计。并在图纸的后面附带门窗表、材料表、灯具表等备注。全部的设计过程都要遵守国家相关部门颁布的设计规范和规定。

平面布置图中要反映出平面关系、交通流线、地面铺装的样式、隔墙的位置和尺寸。除此之外，平面图还应标注地面标高、详细尺寸、剖切符号、图纸比例、图样名称等内容。

2. 施工设计阶段　施工工艺总体按照先预埋、后封闭、再装饰的总体顺序原则进行部署。在预埋阶段，先通风，后水暖管道，再电气线路；在封闭阶段，先墙面，后顶面，再地面；在装饰阶段里，先油漆，再面板。

施工过程中设计方应派专门设计人员与甲方对接保持沟通，在施工过程中如果遇到施工图纸与实际现场不符或者不完善的地方，项目经理将配合现场情况，以最快的速度、最短的时间把问题呈报甲方和设计方，在双方共同确定修改方案后，施工方可依据图纸继续施工。

交工验收的标准为：

（1）装修工程按照合同规定和设计图纸要求已全部施工完毕，且达到国家规定的质量标准，并满足使用的要求。

（2）交工前，确保工程窗明地净、水通灯亮及设备运转正常。

（3）室内布置洁净整齐、家具陈设按图就位。

（4）墙、地面、天花光滑平整，图案清晰，没有出现翘边、鼓泡、污渍和浆痕。

（5）技术档案资料整理齐备。

第二节　新阅面包店空间设计

一、项目分析

无锡新阅面包店项目，位于无锡市。面包坊需求的功能主要是以售卖面包、西点，提供茶饮空间为主。

二、设计理念的提取

由于法国面包、甜点在全世界都享誉盛名，设计者使用法国高贵的红色搭配原木色作为整个空间的主基调，并用少量绿色作为点缀，使得空间既洋溢着浓厚的热情，美观、谐调又不失清新。整个空间的暖色调非常符合面包的可口、温暖的感觉。空间内视觉中心点是一个像丝绸般螺旋上升的楼梯，串起一二层空间，旋转而上的楼梯更具有法式味道。卡座休闲区吊顶和隔断的设计中，使用不规则多边形寓意面包屑元素，整个面包屑元素也是品牌形象的一部分，增强了品牌形象概念，也具有美观性和趣味性。面包店的设计整体统

图3-1　新阅面包店—概念草图

一，注重局部细节的设计，通过空间氛围的营造，令顾客快节奏紧张的情绪在热情舒适的空间中得到放松，忘却嘈杂的日常生活。

三、设计方案

概念草图、一、二层平面图、立面图、实景效果图分别如图3-1~图3-5所示。

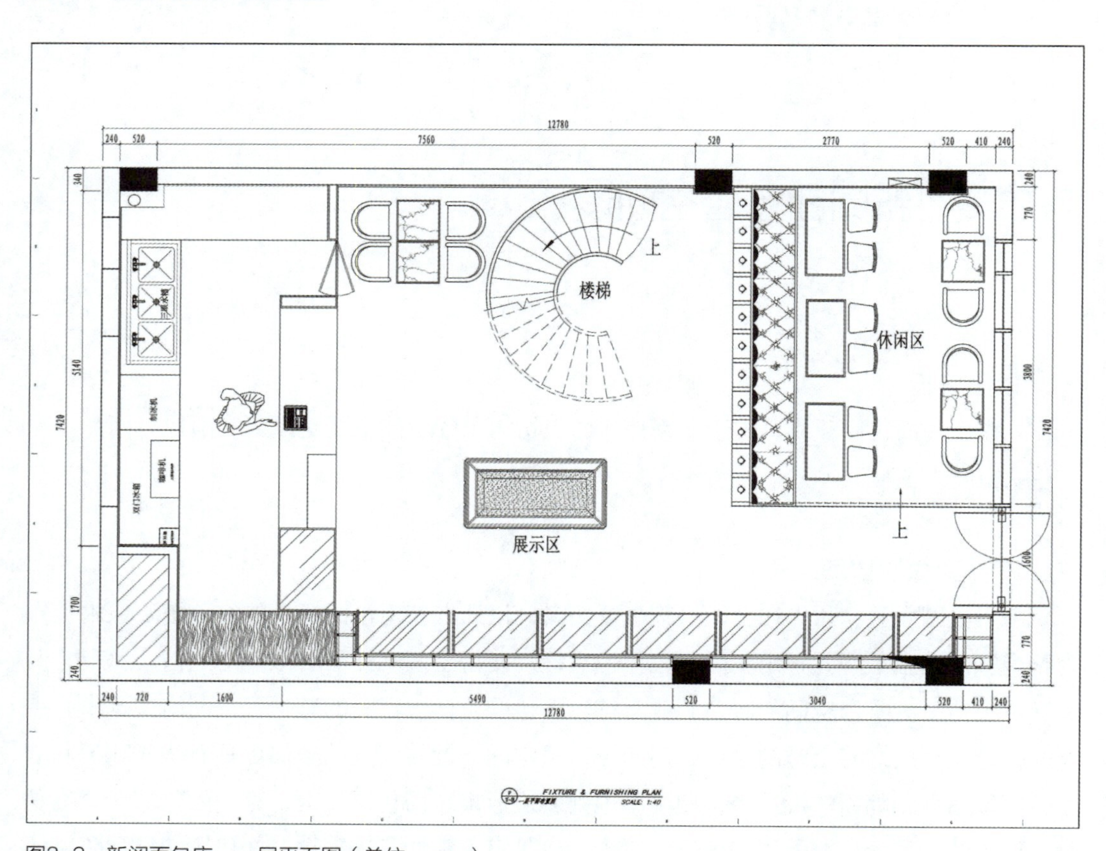

图3-2　新阅面包店—一层平面图（单位：mm）

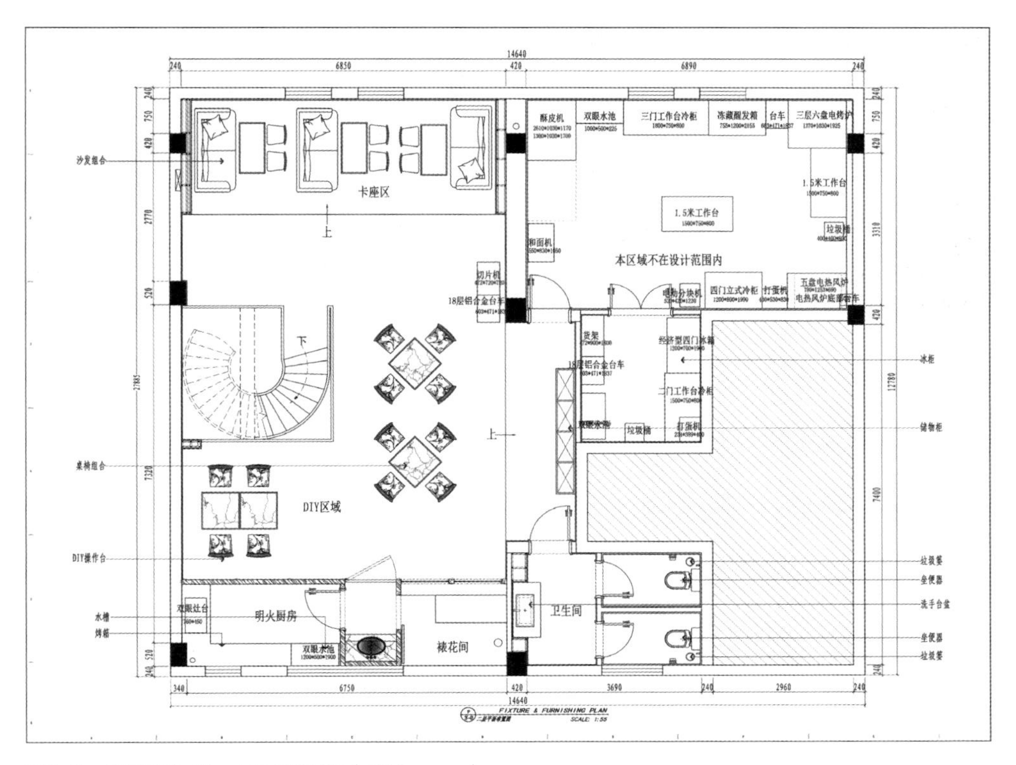

图3-3　新阅面包店一二层平面图（单位：mm）

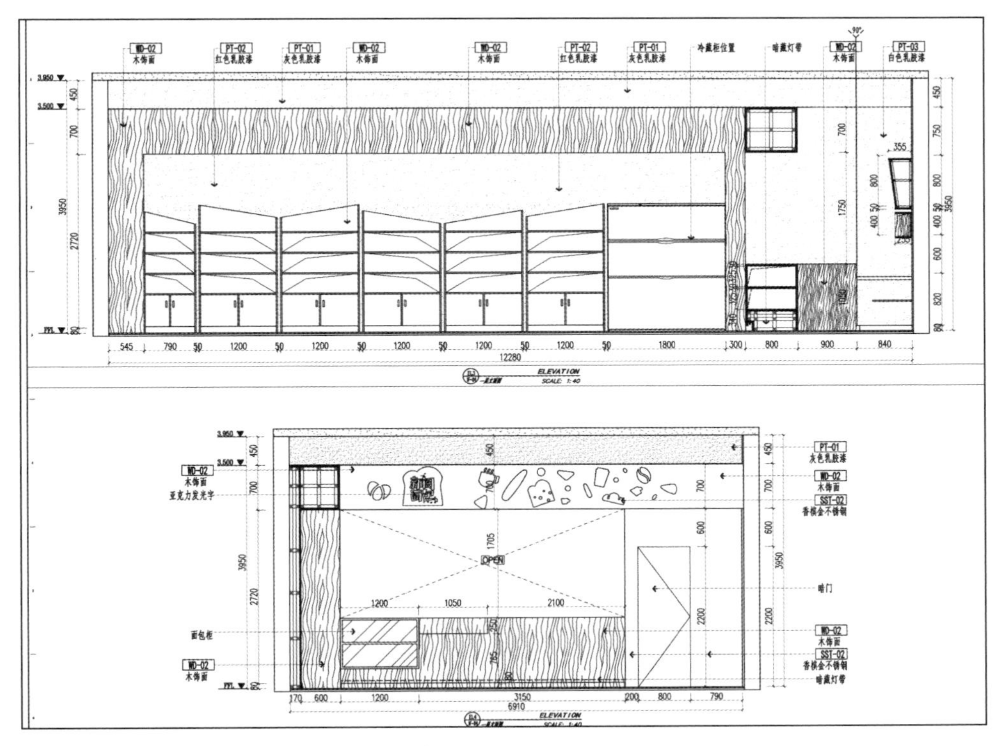

图3-4　新阅面包店一立面图（单位：mm）

图3-5 新阅面包店一实景效果图

第三节 归雁主题餐厅空间设计

一、先期调研工作

归雁餐厅是传世餐饮集团旗下的年代主题风餐厅，是一家以年代为主题的餐厅品牌。承载着20世纪80~90年代的纯美记忆，让消费者回归那些“买不到的旧时光”。该餐厅位于苏州新区科技城内，餐厅的使用面积为800平方米，餐位数为245人位。

二、怀旧主题思路的形成

当今餐饮竞争异常激烈，除了菜品质量，人们对就餐环境的要求也越来越高，就餐环境就必须做出特色与主题。归雁的定位是以怀旧为主题的波普风格时尚音乐餐厅。色彩是其重要的组成部分，整个空间使用了多种高纯度色彩的碰撞，极具戏剧性，完美再现经典波普文化。用波普文化诠释最纯真的年代，使用大量的具有年代感的老物件：黑白电视机、弹弓、卡式磁带、28寸自行车、弹珠、麦乳精等时代记忆的元素，营造出怀旧感，唤起大批“80后”“90后”人群儿时的纯美记忆，令人向往。

在本案例中设计师挖掘年代的元素，把这类型的造型元素定型下来，形成独有的识别符号，同时又新加入了梦露的波普经典画作作为软装，进一步提升了室内空间的品质，并大胆加入轻酒吧风的音乐。从视、听、味给人以立体的感观感受。在空间中加入时尚的家具、鲜艳色彩，以求使其混搭形成一种奇妙的时尚经典风格。多种风格元素的融合与交汇，打造出古今并存、中外混搭的风格特征。

入口大厅的处理是本案的点睛之处，进入餐厅就仿佛回到过去的年代，水泥墙、钨丝灯、老地板、老海报，让人对餐厅充满期待。还加入了互动老式压水井，亲身去触摸感受，使整个就餐时间变成了回忆、合照的融洽时光，衬托出主题“买不到的旧时光”以极具艺术性的方式给人留下强烈而独特的第一印象。自然质朴的装饰材料又赋予时尚现代感与东西方气质的碰撞，为整个餐厅增添许多各异的色彩。

三、空间设计方案

平面图、功能分区图、设计效果图、实景效果图分别如图3-6～图3-9所示。

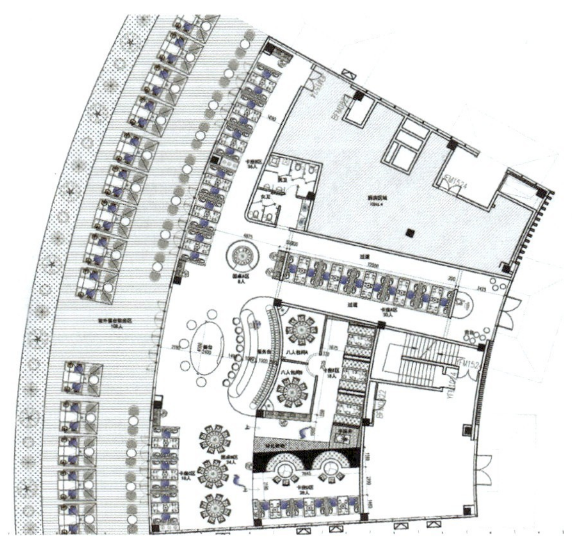

图3-6　归雁平面图

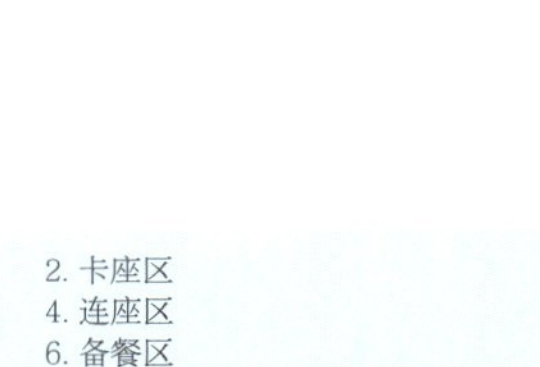

1. 等餐区（叫号、等餐）
2. 卡座区
3. 散座区
4. 连座区
5. VIP包厢
6. 备餐区
7. 服务台（收银、酒水）
8. 表演区（驻唱、小型表演）
9. 厨房
10. 男卫生间
11. 女卫生间
12. 户外区

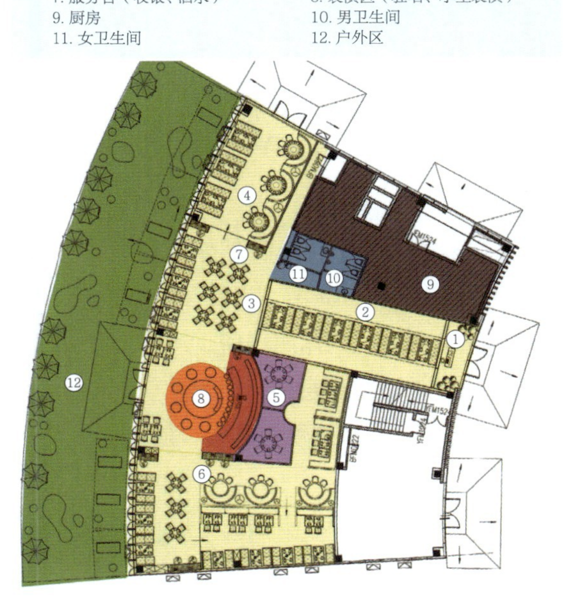

图3-7　归雁功能分区图

图3-8　设计效果图

图3-9　实景效果图

第四节　芯易斋心理培训机构空间设计

一、项目分析

芯易斋是一家心理培训机构，空间主要用于心理讲座、心理剧场、心灵疗愈等。项目地点位于苏州市平江路历史文化街区，有一个小院子、三间苏式老房子。

二、设计理念

因为是心理培训机构，市场定位是专业的心理咨询。干净和温暖是整个空间的主题，去除一切杂乱，让视觉所及保持“空”的状态，设计风格力求简洁、自然和纯粹，设计者需要用空间表达场所的仪式感，营造喧嚣都市中静谧清幽意境的休憩场所。

培训工作室的面积不大，首先在视觉上要最大限度地发挥通透性，满足小剧场的功能、茶歇的功能、培训的功能和储藏功能。在空间上灵活多变，实现快速转换。通过布局、材料和颜色营造心理治疗的特别的氛围感。

几乎所有的客人从进入培训中心到结束课程都有非常好的感官体验，达到了预期的效果。在桃花坞、上海的另外两个培训工作室，在装修风格上延续了这种安静、空灵、简洁的设计风格。

三、设计方案

芯易斋LOGO、初步构想草图、平江路培训中心实景效果、桃花坞培训中心实景效果分别如图3-10～图3-13所示。

图3-10　芯易斋LOGO

图3-11　初步构想草图

图3-12　平江路培训中心实景效果

图3-13　桃花坞培训中心实景效果

思考与练习

展位设计任务书：某大型博览会，我校应邀参展，展位为16米×12米长方形区域，高4.5米，用于展示我校师生作品。设计布局要求满足展示、交流、储藏等多种空间需求，设计方案要凸显主题性、艺术性，能够很好地展示我校高校风采以及文化内涵。

请按照设计的流程，先完成前期项目分析报告，包含企业文化分析、观众人群分析、空间场所分析等各项内容。之后再根据分析结果，进行创意提炼。

作业要求：

①平面布置图。

②人流动线分析图。

③功能分区图（可以将动线分析、平面布置、功能分区放在一张图中表达）。

④立面图2张。

⑤不同角度效果图3张。

以塑造品牌形象为目的的商业空间展示

课题名称： 以塑造品牌形象为目的的商业空间展示

课题内容： “8天在线”品牌形象设计及线下便利店空间设计

韩式“大桶炸鸡”店品牌形象设计及商铺空间设计

“猫的天空之城”成都太古里店空间设计

都可（COCO）奶茶铺空间设计

课题时间： 20课时

教学目的： 通过分析品牌店设计案例，使学生了解以塑造品牌形象为目的的商业空间展示设计方法。

教学方式： 讲授法、讨论法、任务驱动教学法、项目教学法。

教学要求： 1. 学生掌握品牌的建立和统一的方法。

2. 掌握品牌形象在商业空间中的表现方法。

第四章　以塑造品牌形象为目的的商业空间展示

第一节　“8天在线”品牌形象设计及线下便利店空间设计

一、品牌的建立和统一

可口可乐与百事可乐，配方味道几乎无太大差别，但都分别拥有忠实的品牌拥护者，这时喝的就已经不是味道了，而是品牌所灌输的价值观、树立的品牌形象。由此可见，品牌对于一个企业的重要性。

所以，许多企业对于其店面的设计是基于品牌建立基础之上的，既保证品牌形象的推广和强化，也保障各店面之间形象的统一。

二、项目分析

1．品牌文化、价值、内涵的分析和企业的定位　8天在线是8天在线网络科技有限公司推出的基于电子商务平台的网上校园超市，切入点是借助高校学生开设大量微型网上便利店，将原本需要大型仓库储存的货物，更改在了学生自己的宿舍，省却了物流配送的庞大环节，实现提供免费送货上楼的服务。除了高校学生宿舍的微仓储以外，线下实体还配套有8天超市作为有益补充。线上线下的有机结合，是服务于新兴青年的便利消费网络平台（图4-1）。

图4-1　企业情况分析

2．相关其他品牌差异性的分析　通过对标其他品牌和企业，可以帮助品牌了解和设定自身发展定位（图4-2）。同类企业中，如京东、天猫等大型网商，更注重线上平台的销售，产品类型丰富，线下的配送主要依托物流完成。而运营模式相似的苏宁、国美，线上网店和线下实体结合，物流配送仍无法解决“最后一公里”的痛点。

8天在线的特色和优势在于，整合互联网和校园资源，他的运作模式更微型、便利、立足校园、服务年轻人群。全新的运作模式更易吸引年轻人群的追捧，微仓储的方式也大大缓解了物流配送的压力，实现“送货到寝”的配送方式。

图4-2　横向企业对比

3. 客户群体分析　主要针对18～25岁的在校大学生为主要客户群体。大学生群体主要以住宿舍为主，8天在线鼓励学生成为经营者，居住的宿舍空间解决了货品仓储的问题，这样在夜晚，所有物流、超市都已经下班的时间里，就可以实现送货到寝了。

三、8天在线VI基础系统

基础要素是以企业标志为核心进行的设计整合，是一种系统化的形象归纳和形象的符号化提炼。这种经过设计整合的基础要素，既要用可视的具体符号形象来展示企业的经营理念，又要作为各项设计的先导和基础，保证它在各项应用要素中落脚的时候保持统一的面貌。通过基础要素来统一规范各项应用要素，达到企业形象的系统一致。

通过各种比对、分析，使企业更加了解自身定位。可以明确“8天在线”的企业文化关键词应该是：“互联网+”、便利、快捷、服务、个性鲜明、活力（图4-3）。

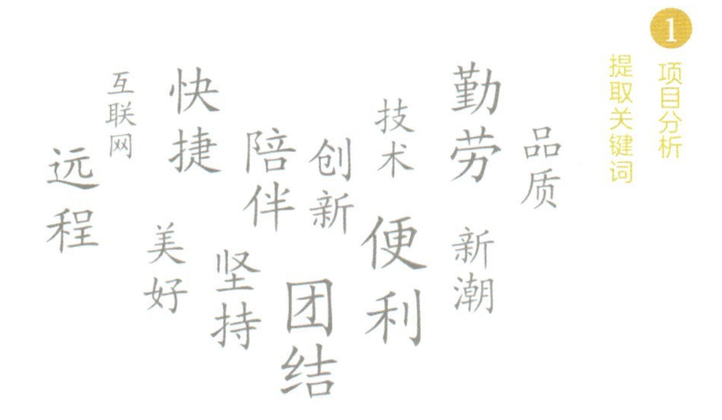

图4-3　关键词提取

设计团队分析企业所蕴含的活泼、积极向上、新潮、活力、基于网络科技等特点，使用最直观的形式，对“8天”两个字进行设计作为标志，选择设计成一种毫无攻击性的字体，视觉上简洁、大方、识别性强、富有生机。选择红色和橙色的搭配，表现生命力旺盛、激情洋溢的企业特点（图4-4～图4-7）。

图4-4 基础系统

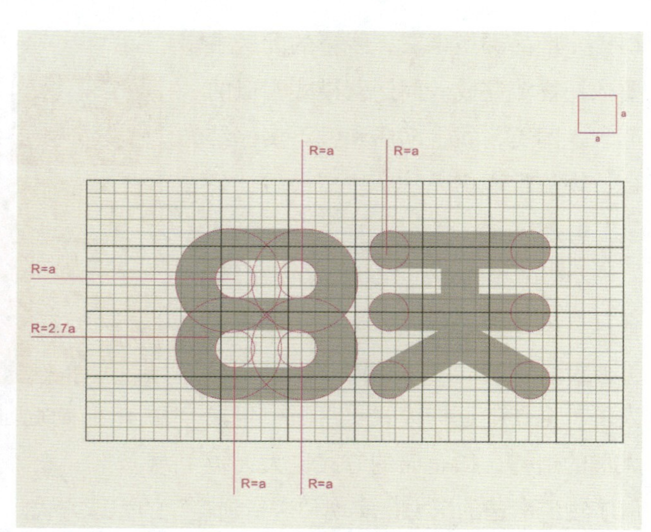

图4-5 基础系统—标志标准化制图

图4-6 基础系统—标志与品牌标语组合

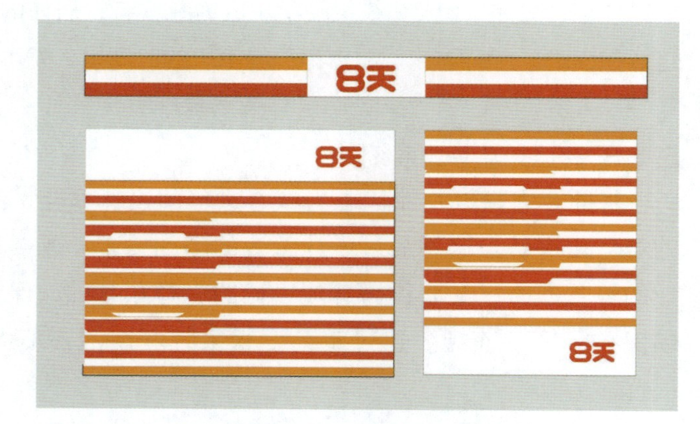

图4-7 基础系统—标志与象征图形多种组合模式

四、8天在线VI应用系统

应用系统设计即是对基本要素系统在各种媒体上的应用所做出具体而明确的规定。它是基础系统的延展，在视觉上要保持一致性。

当企业视觉识别最基本要素标志、标准字、标准色等被确定后，就要应用于各个实际项目了。企业标识与标准字乃至象征图形，在具体产品上的组合应用，应有严格的标准规范，以确保形成统一的、系统化的品牌视觉形象（图4-8～图4-11）。

高水平的应用系统设计不是将基础系统简单地复制粘贴，而必须考虑基础系统在具体办公用品、广告宣传、包装展示等各类不同的应用范围中出现的时候，既要保持同一性，又要避免刻板机械。如果这些基础要素在具体应用中不能给予包装、广告、名片等各类设计带来生气与活力，不能带来良好的视觉效果，不能引起人们的美感，那么这种同一性就毫无意义，再同一的形象也是失败的。

图4-8　应用系统—手提袋设计

图4-9　应用系统—便利店门头风格

图4-10　应用系统—服饰风格

图4-11　应用系统—手机端应用

五、线下8天超市空间设计方案

首先，针对便利店的功能需求进行定位（图4-12），功能需求分为：顾客需求，货架区、既时食品区、休闲区；店员需求，收银台、操作台、杂物收纳空间；配送需求，配送区、后台仓库、冷藏区，以及其他功能需求。针对不同需求设置合理的功能分区（图4-13）。

图4-12　便利店功能定位

其次，分析不同人员的动线（图4-14）。在与客户沟通无误之后，就可以进行店铺整体形象的设计了。

因为超市面积较小，方案采用简洁风格，运用LOGO标准色中的红色和黄色，搭配使用在墙面，营造明确的企业形象。

小型超市具有购物便捷的特点，所以在货物的拿取和结账方面，设计需要有足够的考

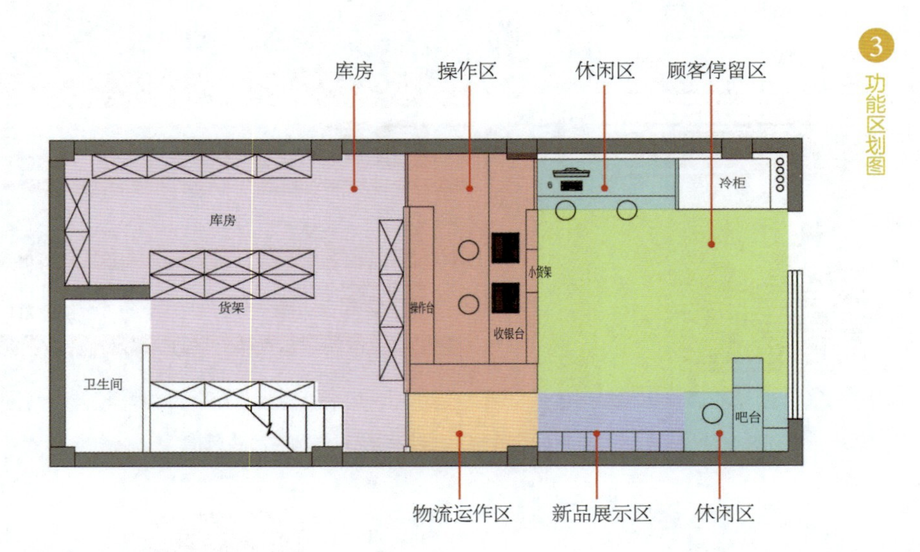

图4-13　便利店功能分区

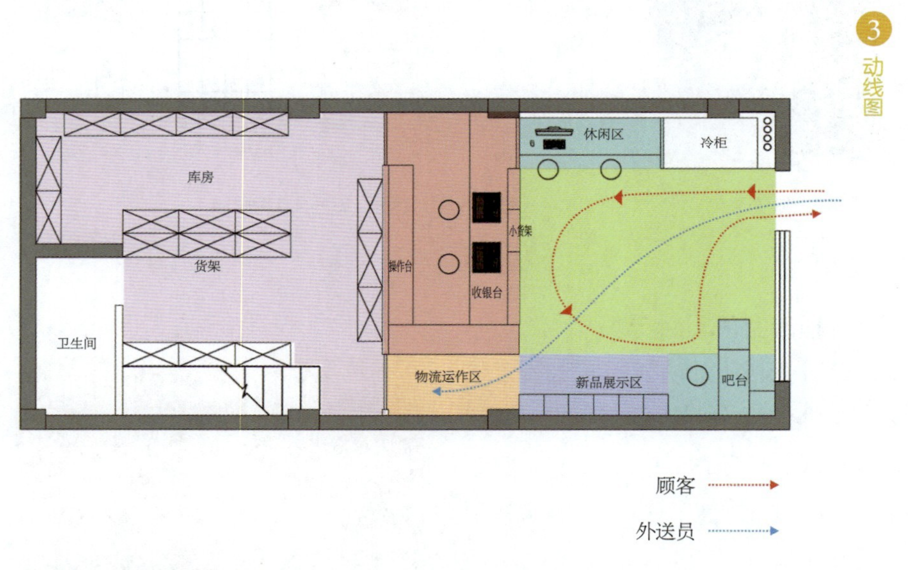

图4-14　便利店动线分析

量，确保流程的进展顺利。货架设置形成U字形，顾客可轻松浏览所有商品，并在取完商品后自然地回到结账处。

结账处除有收银功能外，还要兼具流理台功能，宽度的设置要满足摆放一些电器，如微波炉、关东煮的机器等。这些电器位置的摆放要依据店员操作流程和习惯而决定。店员操作的流畅，就确保了购买过程的顺利完成（图4-15）。

图4-15　便利店效果图

第二节　韩式“大桶炸鸡”店品牌形象设计及商铺空间设计

一、先期调研工作

1. 项目概况　该项目是出售韩式炸鸡的餐饮店，店铺共有两层，一楼形状狭长，面积较小，约48平方米，二楼形状相对方正，约100平方米，有楼梯连接上下，入口在一楼，共约150平方米的一个空间。

2. 设计需求分析　一方面要确保为空间进行最合适的设计，另一方面也要对客户的喜好、倾向要有准确的了解，避免设计方案得不到客户认可。设计之前，请客户做一份关于风格、喜好的问卷调查表，使设计需求明确化，省却了推测和分析过程。

二、品牌形象设计方案

1. 标志图形的确定　本案品牌的中文名称为“大桶炸鸡”，四字名称简明地点出了品牌的性质特点，是“炸鸡”，又是“大桶”，品牌同时注册了韩文文字名称。

在分析品牌名称后，希望顾客记住“大桶”这个比较有区分度的关键词，因此在标志设计方案中，初期提供了三个不同的方案，都是围绕“大桶”这个形象元素展开（图4-16）。配合设计“大桶”图形的象征图形，设计理念源于“大桶、快乐”等含义。应用系统中使用该图形可以清晰、简洁地传播品牌。

围绕炸鸡的主题设计品牌IP形象——呆萌小鸡卡通形象（图4-17）。在应用系统中延伸出各种不同表情的小鸡海报，放置在店铺不同空间内，有愤怒的、有高兴的、有傻傻的、有贪吃的，各种表情海报活跃着整个店铺氛围。IP形象的创立也特别容易做延展内容，如做成公仔玩具。事实证明当有顾客带着小朋友来店消费的时候，小朋友都非常喜欢小鸡形象，在满足一定量消费时，既可获得一只小鸡公仔玩具，鼓励顾客更多消费。

图4-16　标志初步方案

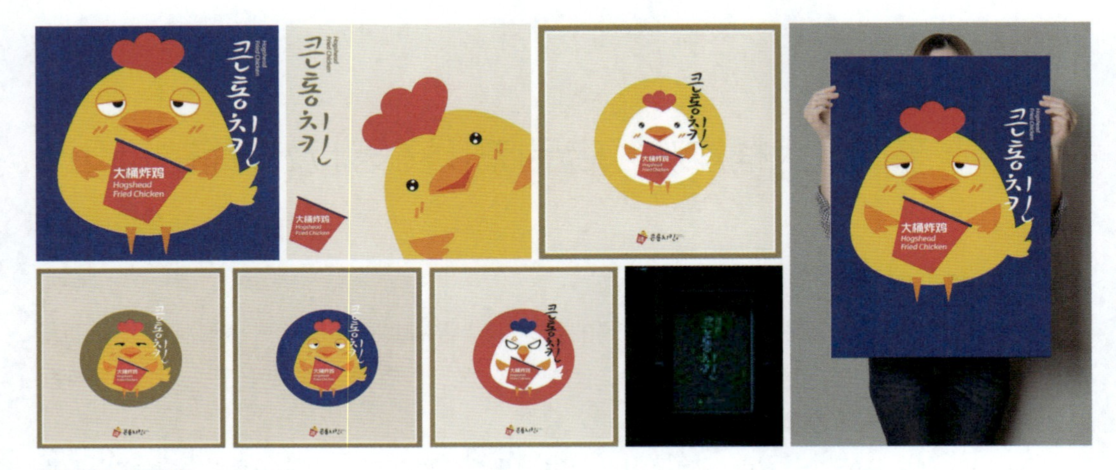

图4-17　IP形象

客户选定方案后，设计团队讨论认为，韩文文字形象虽然很能凸显韩式的概念，但削弱了品牌文字的识别度，所以在最终确定的方案中，还是使用了更普遍的英文字母，选择比较轻松、俏皮的字体来匹配小鸡的形象（图4-18）。

2. 标志配色、辅助色的确定　标志色彩对树立一个品牌的形象极其重要，可口可乐的红，三星的蓝，已经深深地印在消费者的脑海里。标志色彩的选择是为了品牌定位、塑造品牌独特性，所以从色彩上，要与竞争对手相区分，从而强调其独一无二性，进而影响消费者的感知和行为。

图4-18　标志最终确定稿

虽然色彩会因文化、地域、性别等各种差异，而具有不同的、甚至相反的含义，但在人类社会越来越全球化的今天，跨文化差异越来越被消除，人们的观念和习惯已经越来越融合。

本案的品牌形象设计从一只小黄鸡出发，所以色彩的选择内有黄色，结合了韩国国旗中的红蓝色搭配，使LOGO色彩鲜明、造型简洁，具有很高的识别度（图4-19～图4-22）。

图4-19　背景色使用规范　　图4-20　标准色规范

图4-21　辅助色规范　　图4-22　企业象征图形释义

三、餐饮店空间设计方案

1. 功能分区设定　在餐饮行业的空间功能布局上，要遵循以下原则：

（1）在总体布局时，要把入口、前室作为第一空间序列；大厅、包房、雅间作为第二空间序列；卫生间、厨房以及库房作为最后一组空间序列。功能划分要做到明确，以减少相互之间的干扰。

（2）餐厅装修中，餐饮空间分隔以及桌椅组合形式应尽量多样化，以满足不同顾客的需求。同时空间的分隔也要有利于保持不同餐区、餐位之间的私密性不受干扰。

（3）餐厅空间应与厨房相连，而且应该遮挡视线，厨房以及配餐室的声音和照明灯都不能泄露到顾客坐席处。

（4）卫生间要远离顾客席，其安置的位置既要明显，又不可过于强烈。

而在本案的功能分区上，因所经营的餐饮内容是炸鸡，烹饪过程相对简单，所需厨房面积不需要很大，所以将厨房放置在点餐台的后方，一方面利用了一层有限的空间，另一方面方便点餐人员与后厨的直接沟通。

考虑到一楼的建筑空间比较狭小，本案将就餐区域放置在二楼，形成更完整的就餐区域，餐位的设置满足了不同人数的顾客的需求。

根据客户的需求，希望在餐厅内部设置一个员工可以开会的区域。设计团队在二楼就餐区里设置了一个既可以作为多人就餐，又可以作为员工开会的空间，最大化地利用有限空间。

2. 流线设置　餐厅的通道设计应流畅、便利、安全。尽量避免顾客动线和服务员动线发生冲突，如果有冲突，应遵循先满足顾客的原则。服务线路不宜过长，尽量避免穿越到其他用餐空间。适宜采用直线，避免迂回绕道，影响顾客的进餐情绪；员工动线要讲究高效，原则上动线应该越短越好，而且同一方向通道的动线不能太集中，要去除不必要的阻隔和曲折。

本案在一楼入口处设置点餐台，在点餐台的后方是厨房，并在点餐台旁边设置外带档口，只点买外卖的顾客就不用进入就餐区了。工作人员从厨房取餐、打包外带、收银、送餐都可以在点餐台区域解决，既利于管理和收银，优化人流动线，也提升了工作效率。

二楼的餐位设置分布合理，顾客和服务人员都可以自由地到达任何一个区域，并且到达每个区域的路线都是最短距离的。

3. 风格、色彩的确定和表现　无论餐厅空间大小，氛围宜亲切、温馨。色彩宜采用暖色系，因为从色彩心理学角度看，暖色有利于促进食欲，这也就是为什么很多餐厅采用黄、红色系的原因。若空间较小可用淡色调，如淡绿、粉蓝、纯白等，以色彩来扩大空间感；若空间很大，则可以用低明度色来突出沉稳，再用轻快色彩来点缀，使整个餐厅稳重却不沉闷。

在空间的设计上，要与品牌的形象保持一致，一些标准色彩、辅助图形以及风格的把握，都可以从平面的规范里面去提取，保证项目从品牌形象到立体空间的完整、融合。

本案为更好营造整体氛围，在墙地面的造型是也配合品牌形象中的小鸡来展开，一楼过道的立面房子造型，二楼就餐区的钢架房体造型，都是寓意鸡舍之意，是平面的品牌形象在空间里的延续。在墙面色彩上，部分选用了LOGO标准色里的明黄色，除了强化品牌识别度外，也起到提升食欲的作用。

小黄鸡的形象被制作成相片，出现在各个墙面。有部分的墙面使用了标志中小鸡的黄色，是对品牌形象的呼应。在冷色系的墙地面环境中，餐桌使用了红白色搭配、鲜艳、略带卡通感的定制餐桌，令整个空间温馨起来。

在材料使用方面，为营造出鸡舍的质朴、天然的感觉，使用了木板、铁丝网、粗糙质感的钢架来进行搭建，配合未经涂刷的灰色砂浆墙面，营造出与品牌相符的空间氛围感。这些材料比较大众化，容易购得且价格比较便宜，从而节约了装修成本。

4. 图纸的形成　利用手绘表现技法绘制整体效果和设计预想，如图4-23所示。

利用AUTOCAD软件绘制平面布局图、立面图等，并注明材料的运用，天花吊顶、灯光的使用，如图4-24、图4-25所示。

图4-23　手绘方案草图

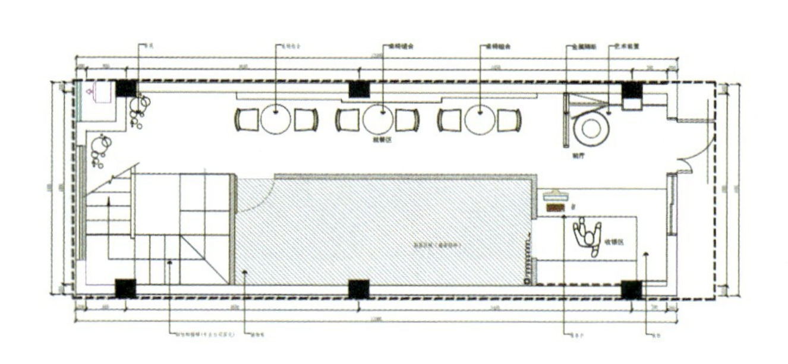

图4-24　一楼平面布局

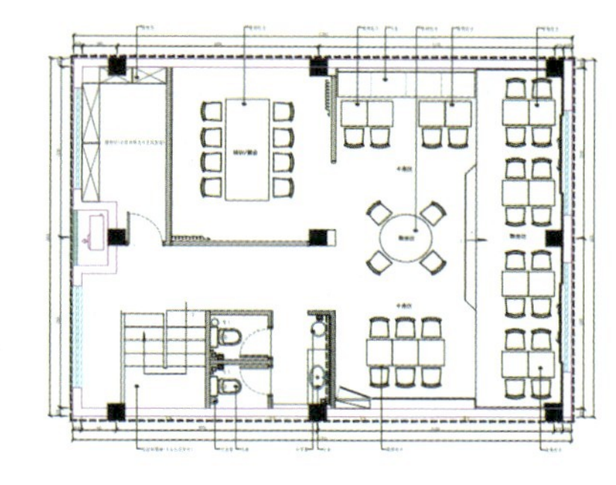

图4-25　二楼平面布局

使用SKETCHUP绘制三维效果图，如图4-26所示。

实景摄影图如图4-27所示。

图4-26　设计效果图

图4-27　实景摄影图

第三节　“猫的天空之城”成都太古里店空间设计

一、项目分析

“猫的天空之城”是一家主要经营明信片、手绘地图和某些特定书籍的文创书店，同时提供阅览，此店以“寄给未来的信”为重要卖点特色，在这里可以将祝福明信片塞在对应日期的格子里，在未来的那一天寄出到所留地址。全国连锁60余家，极具品牌影响力。此次设计任务有两个，一是对原有品牌形象进行升级，二是设计成都形象店的空间、设计风格统一，既要延续一贯的清新、小众、文艺的风格，同时也要在形式上有所突破和创新。

二、书店空间类型分析

书店论其社会价值性，需要保证三种空间的设置：文化空间、消费空间、交往空间。设计之初，调研书店给顾客提供商品和服务的类型，确认书店定位，才可以在设计中有针对、有目标、有取舍。陈列方面，书架的摆布、书籍的陈列形式、导购图示、书店氛围，都会在书店中产生无形的促销作用。

三、设计方案呈现

1. 设计概念　猫的天空之城作为文创书店的代表，设计者抓住其清新、文艺的特点，在顶面使用坡顶的造型，使各个空间显得独立而统一，同时坡顶的造型会让人感到如同家的感受，温馨、熟悉的感觉油然而生。初步的设计方案中，针对立面空间较高的问题，原本的方案中搭建了可上下穿梭的小夹层，但后来实施中因消防问题而被迫取消，不得不说是一个小遗憾（图4-28、图4-29）。

图4-28　猫的天空之城LOGO

图4-29　初步概念草图

2. 平面布置　平面布局同时满足了商品售卖、休息阅读、图书展示、服务收银的功能分区。前区为咖啡区，后区为阅读区。咖啡区相对开阔，能够让顾客更加轻松地休息和交流；阅读区做了上、下空间的划分，形成不同的大小空间，进而形成不同的阅读区域（图4-30）。

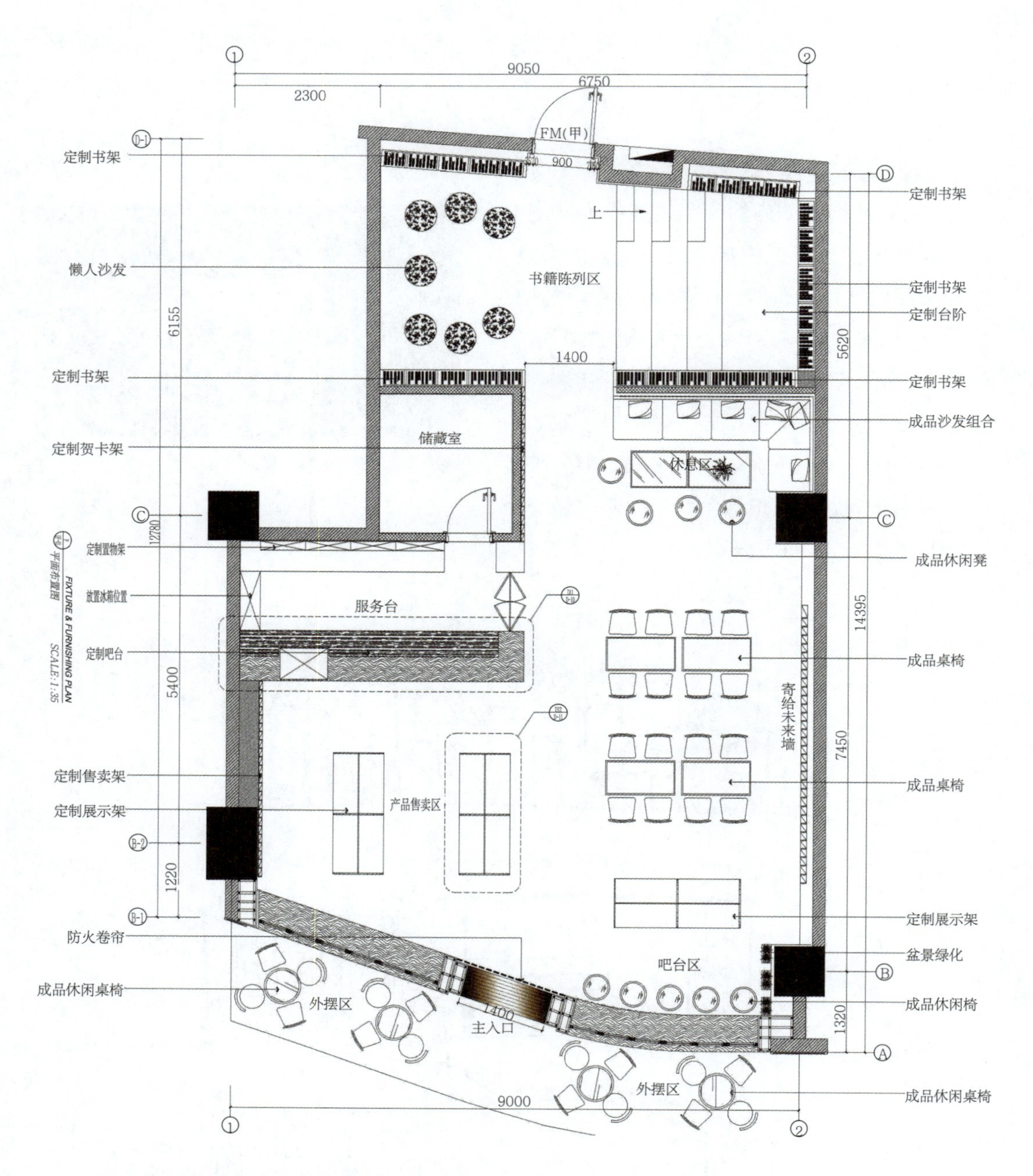

图4-30 平面布置（单位：mm）

在动线的设计上，先由门口导入处，再到售卖区和咖啡区，最后是阅读区。顾客在进入店铺前部时，可以看到文创商品并在休息区休息，前部的人流量较大，相对较热闹。而在后部的书籍展示区，相对安静，有供读者坐下来静心阅读的座位。整个布局动静结合，功能分区合理，人流动线顺畅。

3．三维效果图　店铺门头设计为开敞式，尽可能减少墙面的遮挡，让内部的环境一目了然。圆形入口和长长高高的整排窗户，提炼的是苏州园林的特征，凸显了书店的人文特色。但与传统园林的厚重所不同的是，店铺的整体色彩上使用轻盈的原木色与灰蓝色的搭配，整体效果呈现典雅、清新而不失稳重。

书籍展示区顶部为坡顶设计，与店铺内的其他屋顶造型相呼应，在视觉上起到了弱化高差的作用，同时强调了温馨、平和的氛围。为了使不同区域做到在变化中求统一，不同功能区的坡顶造型会有所不同，使整个空间显得统一而不失丰富（图4-31~图4-36）。

图4-31　门头设计

图4-32　文创用品售卖区

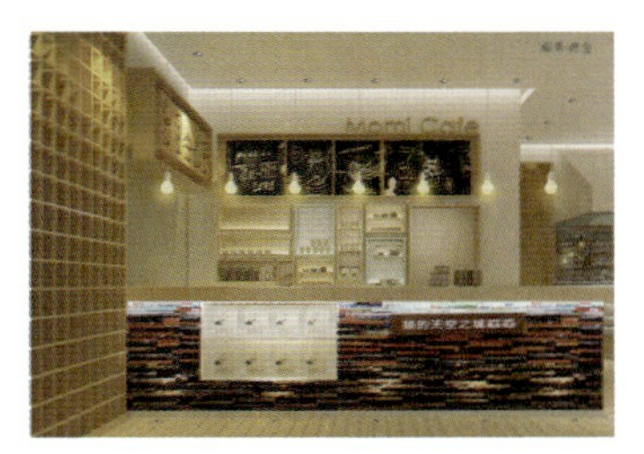

图4-33　服务吧台

图4-34　连坐区

图4-35　寄给未来的墙面设计

图4-36　书籍展示区

第四节　都可（COCO）奶茶铺空间设计

一、项目分析

都可茶饮，我国台湾地区连锁茶饮品牌，目前已经有20多年的品牌积累，全球门店多达6000家。作为现在奶茶行业的佼佼者，同样面临着产品升级、品牌升级与店面升级的问题。

二、品牌视觉形象的升级

首先是品牌视觉形象上的升级，都可奶茶的标志形象鲜明，大家耳熟能详，在此基础上的升级任务，就不会轻易放弃原有的标识形象，而是采用细节上的完善和优化。此次的升级对基础系统中的文字、标识都进行了微调。对于品牌标准色的改变是使用了更鲜明和饱满的橙色，替代原有的橙色。增加了一系列的辅助色，为品牌提供了更多清新、柔和的色彩选择，同时也会改变着品牌的色彩形象。

在应用系统中，广告的设计使用了辅助色中的组合，使都可奶茶跳脱出橙色的单一色彩，呈现出更加温暖、清新、新鲜等多种形象。

价目表画面规范中，创意性地使用图片的方式更直观地去展示每款产品的成分，让不熟悉产品的新客户，也可以对成分一目了然。

其他细节如餐巾纸也颠覆了传统方案。色彩形象的不断强调，可以让顾客对品牌的色彩形象有更深刻的认知（图4-37~图4-44）。

图4-37　品牌文字升级

图4-38　品牌标志图形升级

图4-39　标志与文字的组合规范

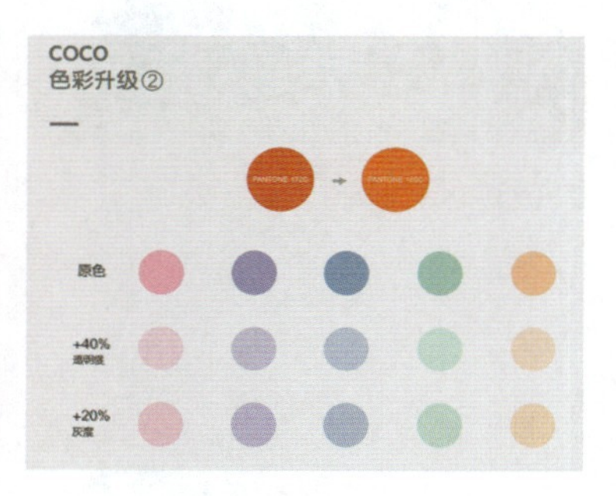

图4-40　标准色、辅助色方案升级

图4-41　广告形象升级

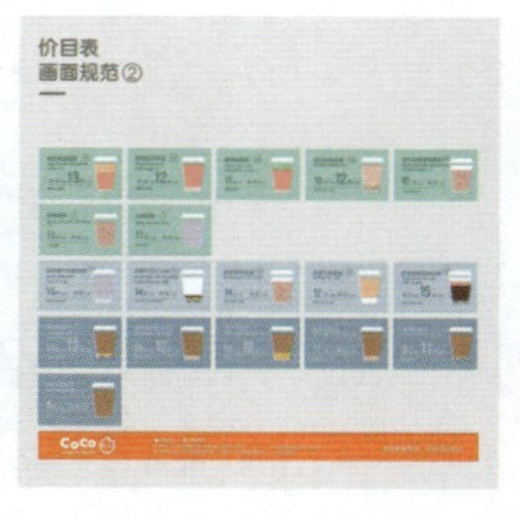

图4-42　价目表画面规范

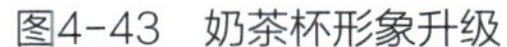
图4-43　奶茶杯形象升级

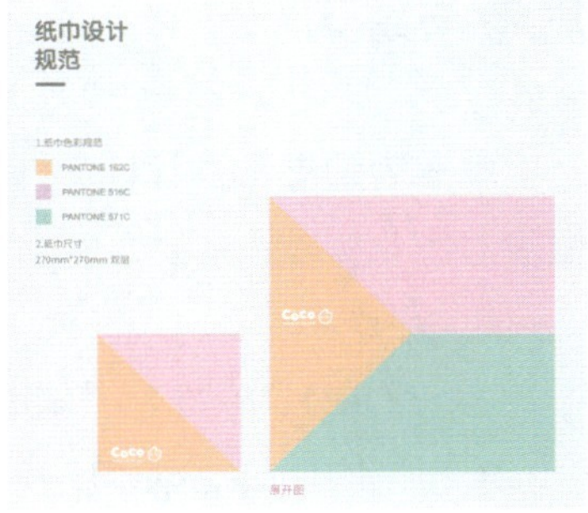

图4-44　餐巾纸方案

三、店铺形象上的升级

COCO奶茶店的经营形式多为只售卖奶茶，不提供就餐位置，所以店铺的面积大多为十余平方米。在这样有限的空间中，如何兼顾功能分区，考虑员工的流线，制作奶茶的操作流程合理，考虑顾客的排队购买流线，不会出现交叉、拥堵。

除此之外，面积小的店铺，视觉造型不能平淡，要鲜明、个性、形成冲击，才可能在左邻右铺中脱颖而出，才能吸引更多的人流。

店铺造型采用不规则形体墙面作为基本元素，使原本较小的空间格局显得丰富而多层次，色彩上选择大面积白色，搭配淡粉、淡蓝，营造出个性、纯粹、文艺感的空间气氛（图4-45、图4-46）。

图4-45　平面布置

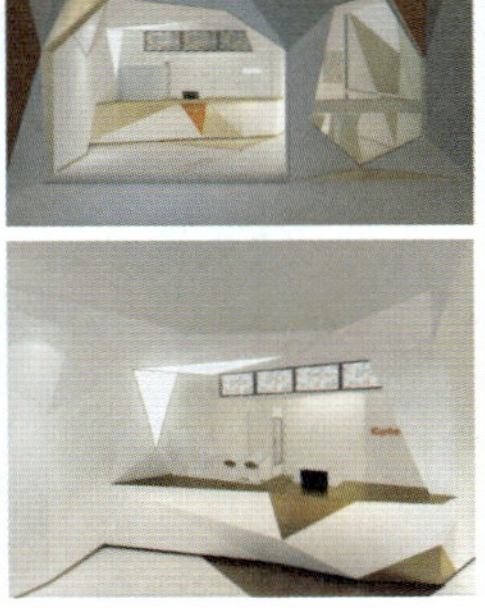

图4-46　店铺设计效果图

思考与练习

商业店铺展示设计任务一：自选知名品牌，分析该品牌各方面情况，并制作PPT调研报告。作业要求：

1. 品牌名称。
2. LOGO、标准色、辅助色、辅助图形。
3. 广告语（Slogan）。
4. 品牌所经营范围、内容、商品内容。
5. 品牌关键词分析。
6. 受众人群。
7. 受众人群特点和喜好。
8. 五个该品牌商业展示案例，包含门头、橱窗、店铺内部完整案例图片。

商业店铺展示设计任务二：完成此分析报告后，对该品牌进行自己的商业店铺的设计。作业要求：

1. 橱窗的立面效果图1张。
2. 门头的立面效果图1张。
3. 店铺内部平面布置图。
4. 店铺内部立面图两2张。
5. 店铺不同角度效果图5张。

手绘、电脑处理均可，店铺原始平面如图4-47所示。

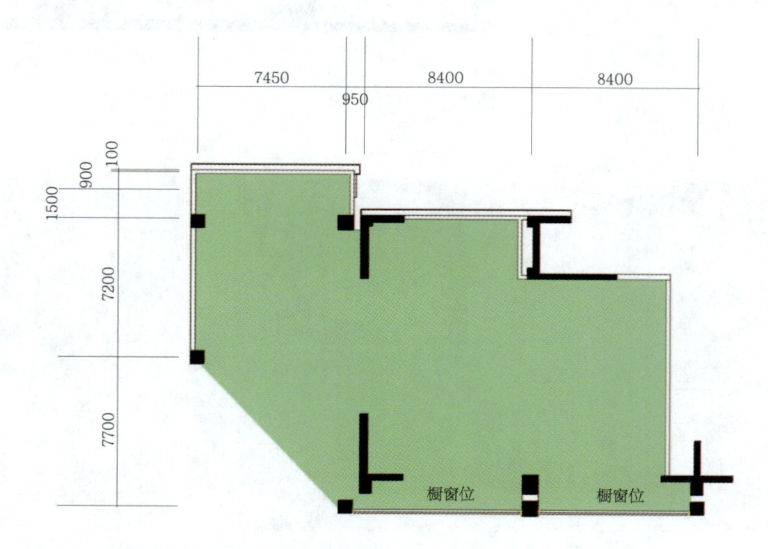

图4-47　某商铺原始平面图（图中绿色区域为设计范围，单位：mm）

以信息传播为目的的展示空间设计

课题名称： 以信息传播为目的的展示空间设计

课题内容： 展位、展厅设计的特点

华润燃气展厅空间设计

杨丽萍主题花园展厅空间设计

大丰梅花文化展厅设计

COCOVEL 展位设计

课题时间： 20课时

教学目的： 分析展厅、展位实际案例项目的设计过程，使学生了解以信息传播为目的的展示空间设计的方法。

教学方式： 讲授法、讨论法、任务驱动教学法、项目教学法。

教学要求： 1. 了解不同于零售商业空间的展厅、展位设计的特点和要求。

2. 理解展厅、展位设计中信息传达的重要性和掌握设计的方法。

第五章　以信息传播为目的的展示空间设计

第一节　展位、展厅设计的特点

展台是指在一个大型展会空间中，划分的既定区域而搭建的展示平台。而展厅则指对一个室内空间整体的展览设计。展台更多的是商业性质的，展厅多数为文化性质的，虽然两者在形式上各有不同，但两者最大的共同点都是以信息的传递为最终目的的展示活动。

一、信息的有效传达

展位、展厅最为重要的是信息的传达，人在其中接受信息，进行人与人、人与物的交流互动，获得信息，有的还能受到教育和启迪。

二、流线形式

展台的设置需要考虑人流巨大，需要确保开放性，所以常采用自由式的流线设计。而展厅的内容多是顺序性、逻辑性较强的，所以流线多设置为单线式，确保观众可以参观到每个环节。

设计科学、合理的流线，减少绕道、重复带给观众的疲劳感，路线的是否清晰和是否富有变化，也会给人们造成不同的心理感受。

三、如何使人印象深刻

一个成功的布展需要考虑：

符合人体功能尺度，创造人在其中感到舒适的环境。

出其不意的视觉效果，会吸引观众并记住这个展位或展厅。

提供令人兴奋的信息场所。

制造难忘的感受或者信息体验，可以是使用独特的视觉空间造型，也可以是通过某个互动活动。

四、以人为本

估算观众的流量、流速，以及观看时的基本行为状态，如设计要保证谈话、交流中的观众不受行走中的参观者的影响。

考虑展品的性质和陈列方式，如展品的大小、使用平面或立面的形式展示、是欣赏性、浏览性还是贸易、零售性，使用这些因素来调节人流与通道的关系。

注重展品的最佳视域、视角、视距与通道的关系。使观众参观的视觉过程保证舒适。

第二节　华润燃气展厅空间设计

一、项目分析

此项目是华润燃气南京分公司的创业历程展厅，正值公司成立十周年之际，为回忆创业以来的艰辛，以及展示十年间所取得的辉煌和成果，企业专门打造了这个创业历程展厅。

二、方案设计理念

设计的理念首先从时间顺序上进行梳理，将参观的空间按照时间的顺序进行排布，从对创业的回顾，到目前获得的成绩，再到展望未来。分为“源起——序厅”“攻艰——创业维艰”“梦成——梦想成真”“立行——责任如山”“怀远——展望未来”五个区域，分别在对应区域，使用平面图文介绍、动态影片讲解、实物展示、交互多媒等多种综合手段，用设计的手段烘托展厅的整体氛围。

其次，使用橙黄色代表火焰的温暖，与燃气的主题符合，同时也是华润燃气的标志色。使用深蓝色体现企业的理性、可靠与寓意清洁的能源，同时，蓝色也代表着科技与未来。

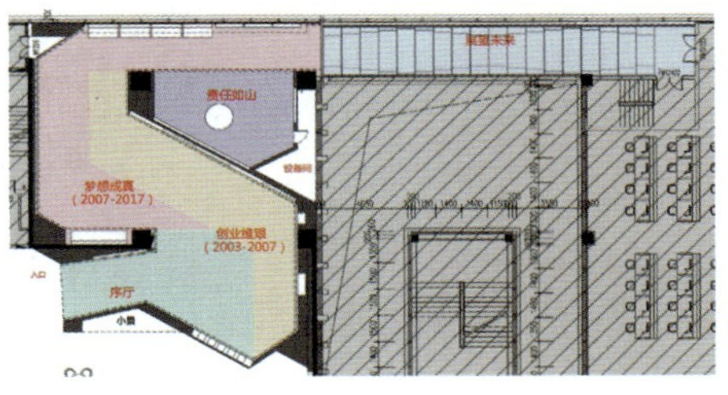

图5-1　展厅分区

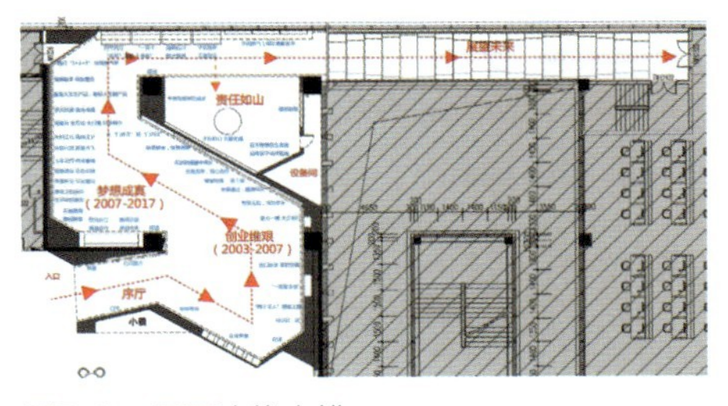

图5-2　展厅流线安排

三、项目设计方案

展厅分区和流线如图5-1、图5-2所示。展厅布局和顺序如图5-3所示。设计效果图如图5-4所示。

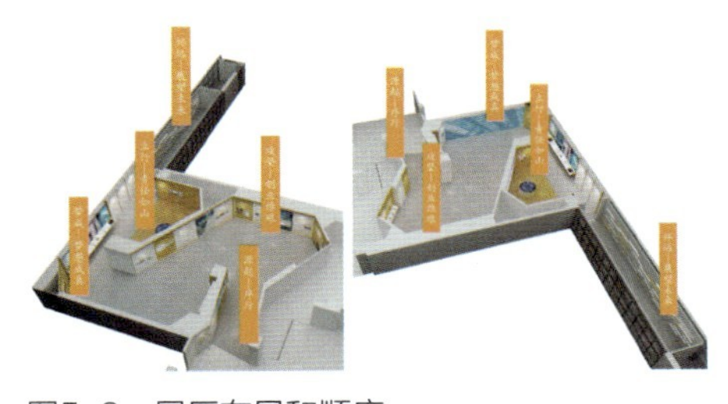
图5-3　展厅布局和顺序

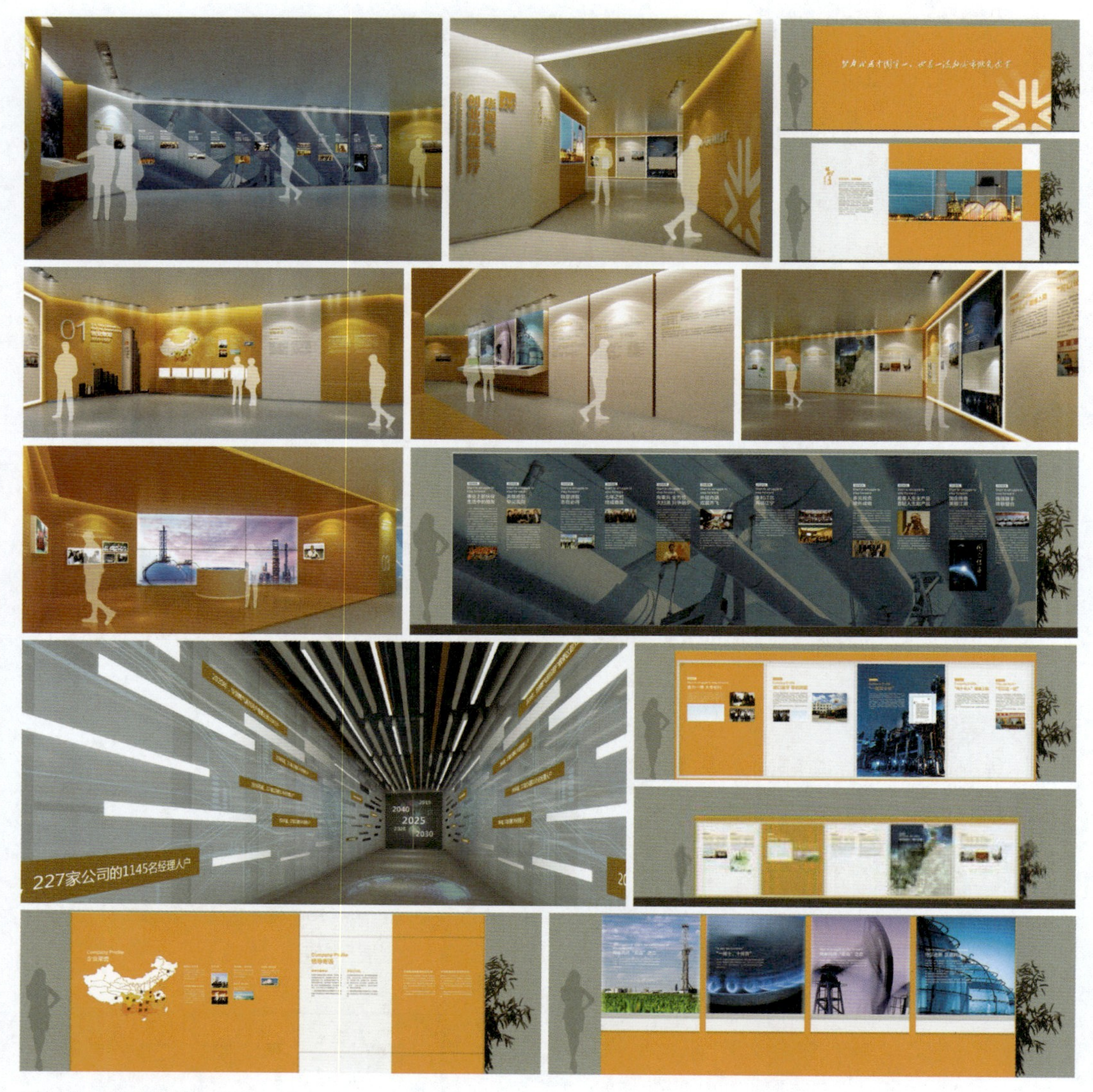

图5-4　展厅效果图

第三节　杨丽萍主题花园展厅空间设计

一、项目分析

杨丽萍是中国当代伟大的舞蹈艺术家，和她合作，设计一个带有杨丽萍符号的艺术展览中心是一次很好的学习，也是一次高难度的挑战。杨丽萍作为当代中国民族舞蹈的代名词，同时也是美丽云南一张最生动的名片，能有这样的成就，在背后的付出和努力是常人所不能企及的。

二、项目理念的提取

提到杨丽萍，让人立刻联想到的是斑斓的色彩、曼妙的舞姿、高贵的孔雀，和异域的风情。为了能更深刻地了解她，设计师在设计之初与杨丽萍尽心畅聊她的喜好、她的艺术。并到她在云南大理的家，参观了她的花园，欣赏了她的舞蹈表演。参观过程中的一草一木、点点滴滴，都成为此次设计的元素来源。

此次杨丽萍“爱・生活・时光”展项目是在上海的喜马拉雅文化中心展出，在这个异形的展馆空间中，旨在打造一个梦幻般的花园，在展览中自然、流畅地体现杨丽萍老师的艺术成就。

展厅杂糅了孔雀、鲜花、云南少数民族等元素，用春、夏、秋、冬四季的概念呈现杨丽萍的人生哲学、艺术成就。

三、项目设计方案

手绘草图如图5-5所示。平面布局与流线顺序如图5-6、图5-7所示。设计效果图如图5-8~图5-16所示。

图5-5　手绘草图

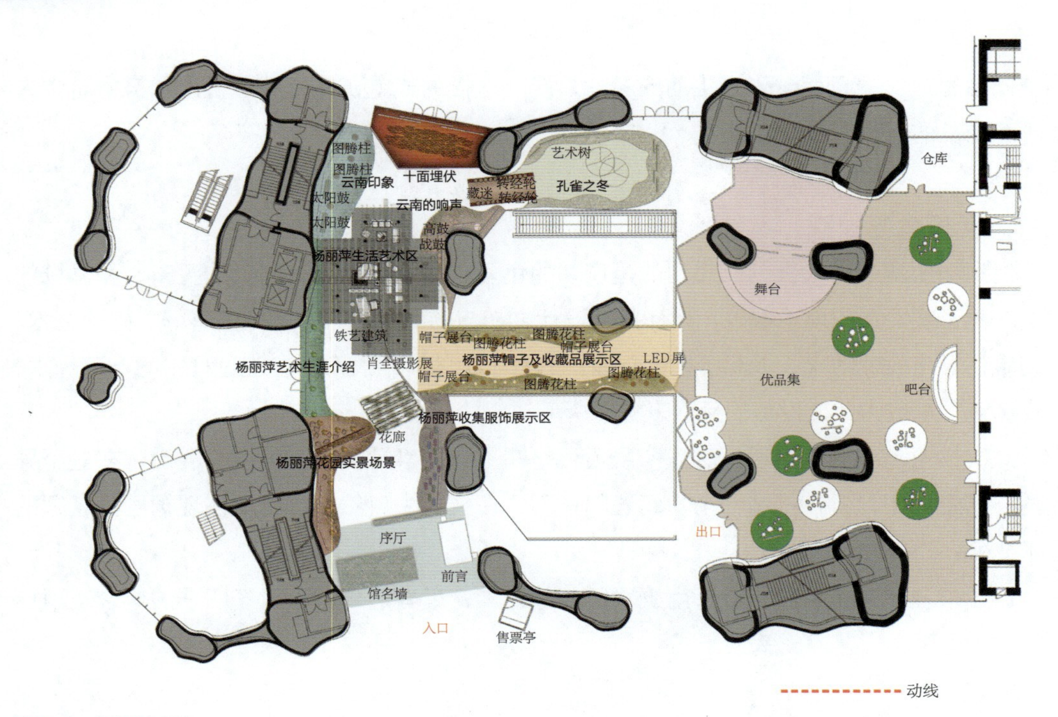

图5-6　平面布局

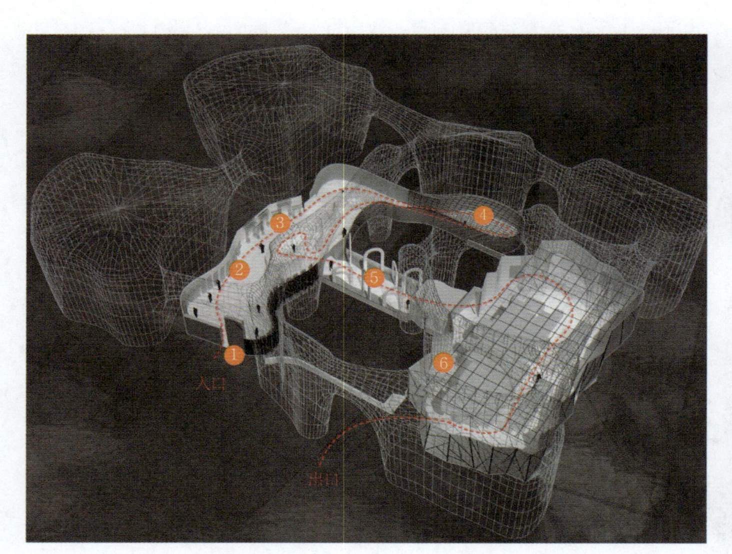

图5-7　动线顺序

图5-8　入口

图5-9　历程

图5-10　舞剧区域

图5-11　冬主题

图5-12　花之汇主题

图5-13　孔雀主题

图5-14　人物介绍

图5-15　春夏主题

图5-16　走廊

第四节　大丰梅花文化展厅设计

一、项目分析

大丰梅园位于盐城市大丰区西郊，整个园区占地约200万平方米，种植了多个品类的梅花，梅海也就成为这个地方的旅游项目之一。此次项目是园区内梅花展厅的设计，从梅花的分类、梅花的文化，到梅花与历史、梅花与艺术、梅花与诗歌。

二、项目理念的提取

中国人自古对梅花是极度赞赏与爱慕的，梅花代表的是一种精神，一种骨气，梅花与中国传统文化息息相关。所以此次的设计方案将展厅设计成传统中式的风格，与梅花所代表的中国传统文化非常契合，在空间中，使用各种建筑造型细节处体现梅花的主题（图5-17、图5-18）。

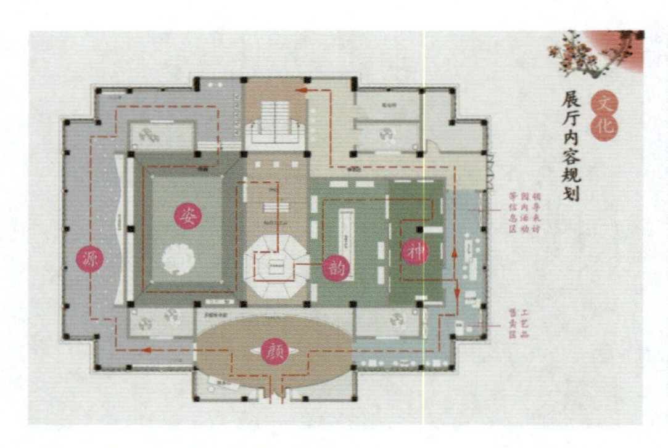

图5-17　主题分区和流线安排

图5-18　主题顺序

三、项目设计方案

第一部分——梅之颜：序厅是展厅的入口，设置有服务台，展示有前言、梅园总体介绍。使用了纱幔、中国山水画、投影等技术手段，综合烘托整体气氛为主要目的（图5-19）。

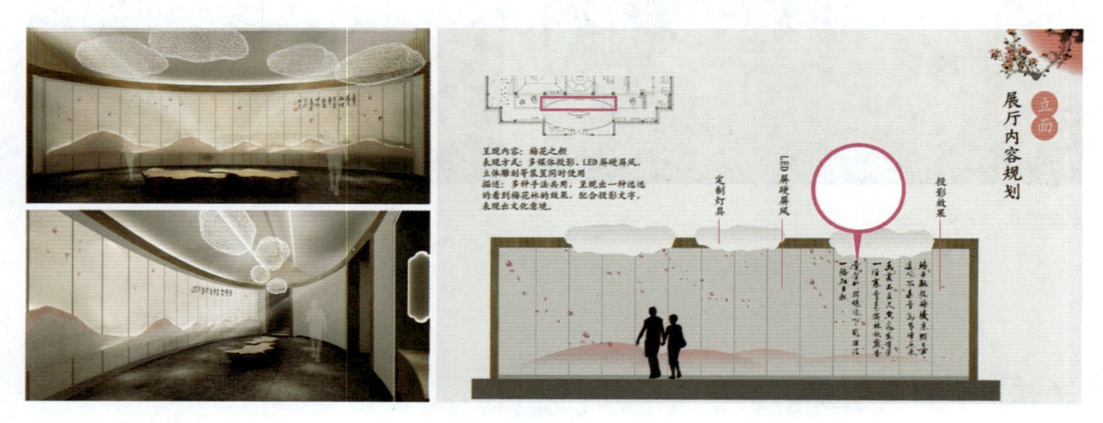

图5-19　梅之颜

第二部分——梅之源：灯光配合镂空的效果，做一条时空隧道一样的长廊，运用投影技术在地面处理出一条布满梅花的小路，观众仿佛走进了梅花的历史文化长廊（图5-20）。

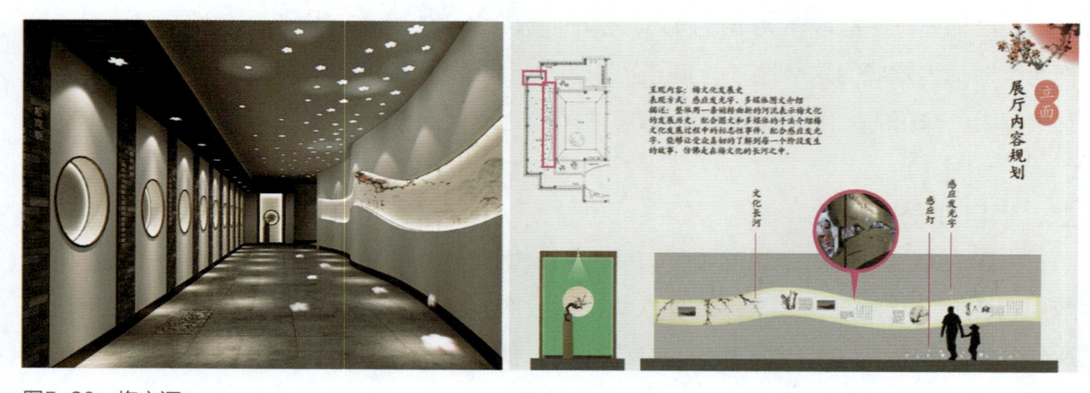

图5-20　梅之源

第三部分——梅之姿：该展区内展示了与梅花相关的图文、实物、雕刻等不同载体的呈现，展示了梅花各种不同的呈现形态。使用园林的借景手法，多种材质的雕刻墙，呈现梅花文化的范围广博和艺术形式的多样（图5-21）。

图5-21　梅之姿

第四部分——梅之韵：使用多媒体交互装置展示梅花的历史故事、诗词、绘画。从顶面向下射出的光线，配合垂下的粉色桃花瓣，营造高洁、深远的人文意境。台面上放置的多媒体卷轴，滚动播放各个朝代历史人物的气韵与梅花之间的关系（图5-22）。

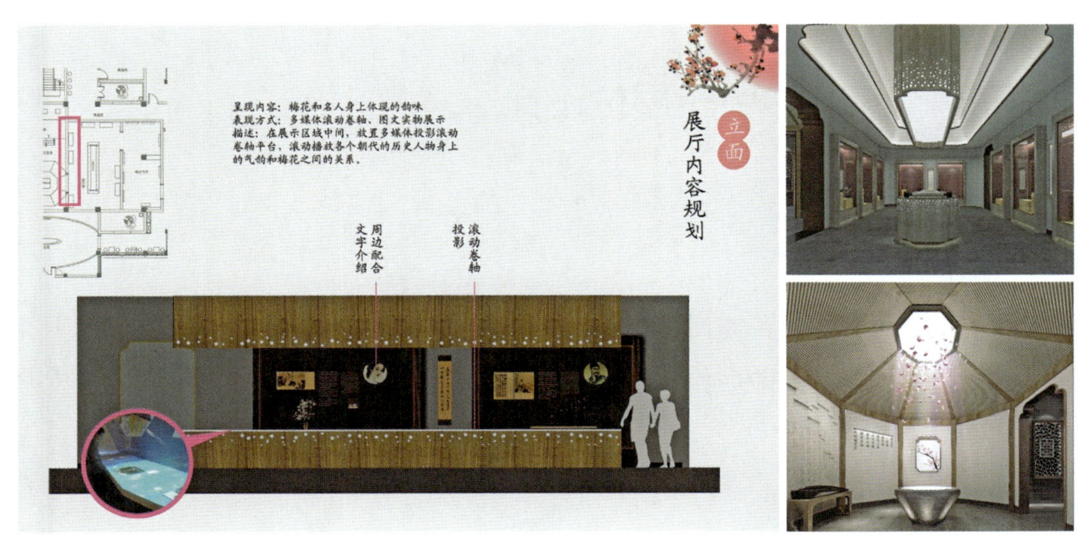

图5-22　梅之韵

第五部分——梅之神：使用装置墙面、实物展台，在江南风格的墙面上，用书法的形式把描述梅花气节的诗词歌赋书写其上，营造符合梅花神韵的气氛（图5-23）。

图5-23　梅之神

第五节　COCOVEL展位设计

一、项目分析

COCOVEL是怡宝集团旗下品牌之一，产品从洗发水、沐浴露到香薰升级后近二十多个SKU。目标设计内容涵盖品牌策划、品牌设计、包装设计以及线上线下的陈列展示等多方面。解决问题是一切设计的根本，让用户得到超预期的体验是设计的目标。

二、设计理念的提取

通过反复的梳理，设计师将COCOVEL的产品语言定位在用视觉感受气味，一切的设计都围绕着这个中心主题去发挥和延展。

展位的天花外围是纯白色底配合黑色标志文字，凸显品牌高端、大气、简约的气质。这个展位的主题突出产品的香氛特性，所以天花内圈是一片花海，让观众犹如步入花海之境。展台设计也加入花的元素，白色球形亚克力罩寓意水晶球，置于其中的产品散发着浪漫、优雅的气息。

三、项目设计方案

COCOVEL展台手绘草图如图5-24所示。设计方案效果图如图5-25所示。现场实景效果图如图5-26所示。

图5-24　COCOVEL展台手绘草图

图5-25　设计方案效果图

图5-26　现场实景效果图

思考与练习

可口可乐展厅设计任务书：为可口可乐公司制作展厅，要求凸显公司历史、文化、理念展示，完好体现可口可乐“Open Happiness”的口号精神。作业要求：

1. 展厅CAD平面布置图。
2. 人流动线分析+功能分区图。
3. 铺地图。
4. 天花图。
5. 立面图2张。
6. 展厅不同角度效果图5张。
7. 300字设计说明。
8. 手绘、电脑处理均可。

展厅原始平面如图5-27所示。

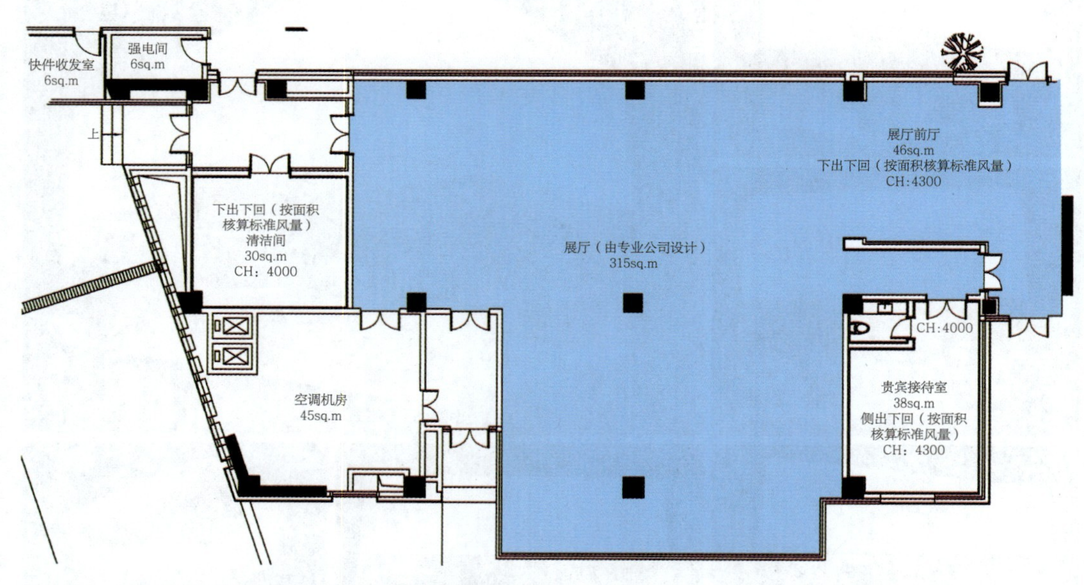

图5-27　展厅原始平面图（图中蓝色区域为需设计范围）

案例赏析

课题名称： 案例赏析

课题内容： 橱窗设计

展位设计

课题时间： 2课时

教学目的： 使用优秀的橱窗、展位设计案例，开阔学生眼界，提高设计能力，并为以后从事相关的设计工作打好基础。

教学方式： 讲授法、讨论法。

教学要求： 通过欣赏加深对橱窗设计、展位设计的理解。

第六章　案例赏析

第一节　橱窗设计

橱窗设计的根本目的在于吸引街道上的人群，这是对橱窗设计最直白的诠释，所以橱窗设计的最终意义是做出极具创意的橱窗。商店橱窗既是门面总体装饰的组成部分，又是商店的第一展厅，橱窗通过对商品陈列进行合理搭配来展示所售商品之美。它是以本店所经营销售的商品为主，巧用布景、道具，以背景画面装饰为衬托，配以合适的灯光、色彩和文字说明，是零售店商品陈列宣传的重要手段。它是衡量零售店文化品位的一面镜子，顾客对橱窗陈列的第一印象决定着顾客对零售店的态度，进而决定着顾客的进店率。因此，无论是何种橱窗陈列都要重视其创意性和艺术美感。

一个精心设计的橱窗不仅能吸引顾客走进商店，还能强化零售商的品牌形象。它可以作为一种广告工具，让人了解店内待售商品的情况。橱窗的展示设计就是专卖店为了宣传自身的经营项目和及时介绍商品的性能、特点、用途、便于消费者选购的一种重要手段。橱窗中陈列着最新的上市新品，使消费者一目了然，同时橱窗不仅仅是展示商品，更表现了商店的一种姿态、一种气氛，甚至是一种潮流，对销售业绩起着至关重要的影响。

一、分类

在各式各样的橱窗类型中，最常见的为封闭式橱窗、开放式橱窗两大类。

1. 封闭式橱窗　这类橱窗多见于百货商店，它们类似于一个房间，在正面有一大面的玻璃面向街上的顾客，后面和两侧是坚实的壁墙以及一扇门。这类橱窗的布置是最花心思的，因为它只能从一个角度来吸引大街上公众的注意。由于空间较大，需要较多的商品及较大体积的道具填充，因而增加了成本。另外，陈列昂贵商品时要考虑安全性。从设计的观点来看，由于这样的橱窗只能从一个角度采观察，因此只需要保证正面的效果。

2. 开放式橱窗　这类橱窗没有背后的壁墙，但可能有两侧的壁板。开放式橱窗可令店内环境一目了然，因此多为零售商青睐。当然，这也意味着商店的内部面貌需要维护并保证随时看起来都具有吸引力。布置这种类型的橱窗难度更大，因为人们可从里外两个角度来观察它们。与封闭式橱窗不同的是，昂贵商品因安全性而不适用于此类橱窗陈列。另外，还需要考虑顾客触碰陈列品的可能性。

二、橱窗设计原则

橱窗设计是传达商品信息的重要载体，设计时必须要把握以下原则：

1. 设计主题明确　橱窗设计必须有明确的主题。判断一个橱窗的优与劣，首先看这个橱窗设计的主题内容是否清晰鲜明，是否中心突出，宣传介绍的商品是否醒目悦目，表现形式是否新颖生动，能否打动人心。橱窗设计应该集中地表现出商品的销售重点，它不只是简单的商品陈列，还包括背景、道具、灯光、音响等效果的系统设计。一个好的设计师必须利用商品以及与商品相贴切的背景、道具、灯光以及商店周围环境、销售重点等各个方面因素，综合成为一个统一的、完美的设计整体，运用恰当的表现方式来表达橱窗的主题内容，使主题鲜明、生动、具体，让消费者走近橱窗立刻受到感染，被橱窗所吸引。

2. 针对消费者需要　在橱窗陈列设计之前，要调研明确消费者对商品的需求，这是确定陈列商品形式的重要依据。一般可以从两个方面调查研究：

（1）该商品本身的经营特色、销售情况。

（2）该商品针对的客户群体的生活方式、文化层次、消费习惯、消费结构等。

如果设计者仅仅局限于思考商品的表现形式、陈列技术，其结果充其量只能给人形式美的感觉，而无法达到扩大销售和满足消费者需要的目的。要使橱窗设计能引起消费者的注意并产生兴趣，能使消费者产生购买欲望并转化为购买行动，其关键在于展示适销对路的商品以及为消费者所喜爱的商品，才能真正打动消费者。

3. 强调橱窗的艺术性和创意性　橱窗是店铺的门面，顾客对它的第一印象决定了顾客对商店的态度。一个艺术性强、形式新颖的橱窗设计必定能给顾客带来深刻的印象。因此要努力培养创造性思维，从而克服一般化设计。创意的橱窗设计和品牌的传承，凸出某种极致的呈现，在众多品牌橱窗视觉陈列中脱颖而出。

4. 讲述故事　每一个橱窗陈列就是在讲述一个故事，这个故事应简明易懂，能用感情打动人心，富有渲染力，这样才可以提升客户对品牌的期望，激发购物欲望，才能促成销售。

5. 色彩　色彩是远距离观察的第一感觉，是商业展示设计中的重要组成部分。色彩的传递胜过文字的表达，运用得当的色彩能够迅速激发消费者的情感，唤醒他们购买的欲望。

色彩的选择不宜过多，要有一个主调基本色，辅以若干辅助色，色彩的选用宜简洁、精炼，对比要适度。

不同类型的商品，不同的季节时间，对橱窗设计的色彩要求都会不同，同时还要考虑流行色的影响。

三、优秀橱窗设计案例

1. 米兰Tommy Hilfiger牛仔橱窗设计——我的生活方式 2013年美国时尚品牌Tommy Hilfiger于意大利的米兰和罗马同时推出了一个名为"I Have a Lifestyle"的主题橱窗系列，设计师以男人一天的生活方式为灵感，巧妙地把这些元素汇集到一个窗口，以道具装置的形式呈现，展示一组组或休闲或商务或居家的生活方式，同时也展现出品牌多元化的发展理念。这个设计富有个性与创意，整体采用蓝色调，辅以灰色的背景，醒目而大胆（图6-1）。

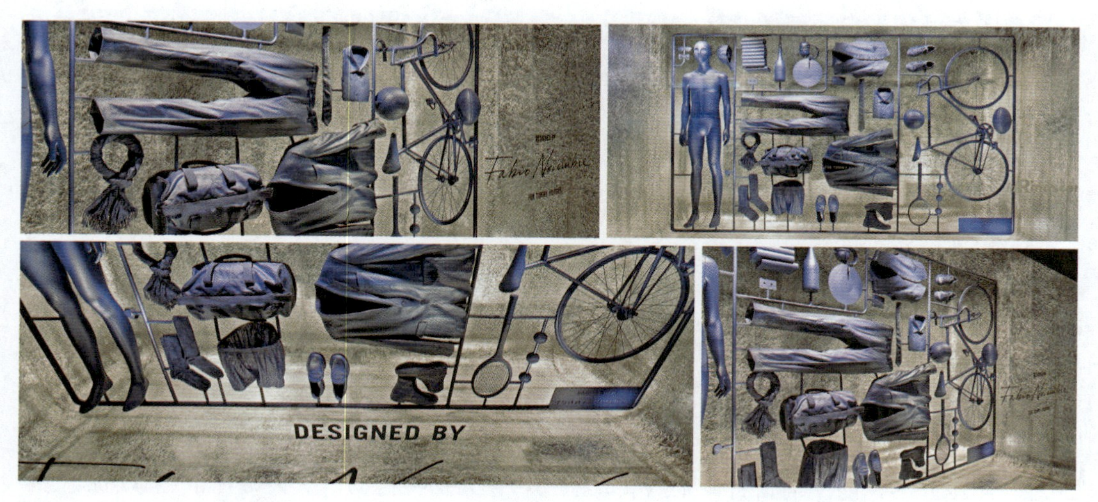

图6-1 Tommy Hilfiger 橱窗

2. 草间弥生（Yayoi Kusama）和路易·威登（Louis Vuitton）合作的纽约旗舰店橱窗设计 日本艺术家草间弥生以圆点的标志元素设计见长，路易·威登与她合作为所有旗舰店和商铺设计、开发了不同系列的橱窗创意。所有的橱窗设计都是围绕草间弥生和她的圆点而呈现（图6-2）。

3. 爱马仕系列橱窗

（1）2016爱马仕春季橱窗：上海爱马仕于2016年推出了春季主题橱窗——"生命的脉流"，橱窗借植物的具象形状呈现自然、人类与生命的微妙意味，传达了爱马仕对于自然与生命的敬畏。系列橱窗中我们看到在高饱和度的整体色块背景墙的衬托下，设计师将爱马仕的包、香水、鞋等产品巧妙而自然的装置其中，仿佛在春意盎然的季节带我们抽离桎梏、进入梦幻的乌托邦（图6-3）。

（2）2016爱马仕秋季主题橱窗：设计师通过橱窗将观者置入到带有奇域特色的浓缩画面，他将自然元素植物、水和岩石三种元素装进橱窗，用于分别展示热带丛林、海洋探险与火山岩的神秘幻想空间。创意新颖独到，启示对生命与自然的无限崇尚（图6-4）。

（3）2017爱马仕夏季主题橱窗——寻物思源：你是否想过，每天朝夕相对的物件，背后都蕴含着值得探寻的本源深意。爱马仕携手奥地利艺术家Markus Hofer先生带着对"物

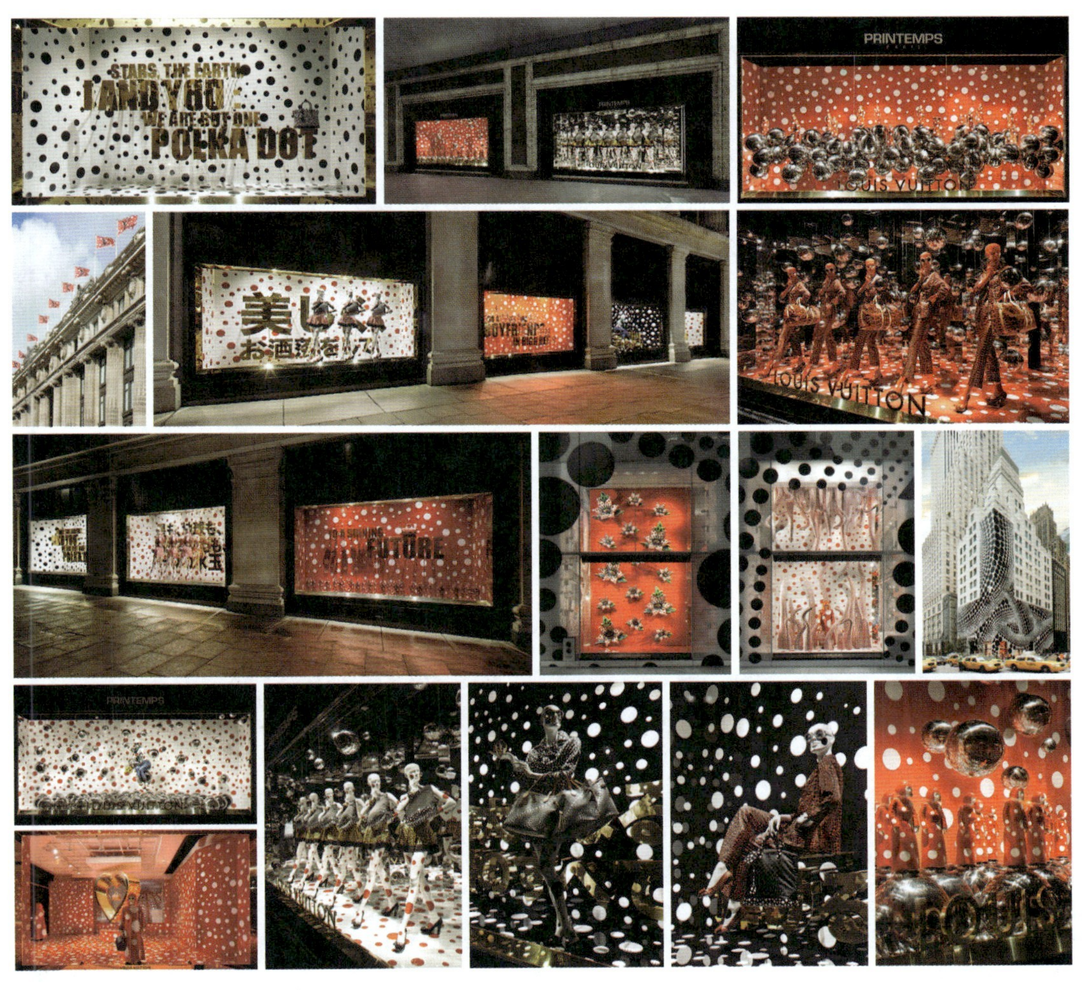

图6-2　草间弥生圆点系列橱窗

图6-3　2016年爱马仕春季橱窗

图6-4　2016年爱马仕秋季主题橱窗

之本意”的思考与探索，在上海爱马仕之家呈现2017年夏季主题橱窗——思物寻源。创意十足的液体雕塑，在艺术家塑造的哲思世界中，看似依然如旧的日常物件通过艺术创作，它们的原有功能被悄然改变并被赋予了全新的意义（图6-5）。

图6-5　2017年爱马仕夏季主题橱窗——寻物思源

4. 伊势丹新宿店2017圣诞节橱窗——MAKE it HAPPY　形式感极强的橱窗设计，外围如同一个礼物包装，包装着各式各样的礼物。灯光重点照亮了礼物，让消费者的视觉自然会聚焦在那里，从而产生好奇。整体色彩统一，对比鲜明（图6-6）。

5. 2018夏季John Lewis橱窗设计　John Lewis的夏季系列橱窗，主题设定为游泳池、运动和户外生活（图6-7）。

6. 法国精品百货LV（路易·威登）橱窗　设计师使用粉嫩的色彩、气球、樱桃等元素，营造出青春、活力、柔美的氛围（图6-8）。

图6-6　MAKE it HAPPY橱窗

图6-7　2018夏季John Lewis橱窗设计

图6-8　法国精品百货LV橱窗

7. 鸵鸟蛋孵出LV（路易·威登）的橱窗　路易·威登第五大道旗舰店在2011年春季橱窗中，布置了一只大鸵鸟和20只金灿灿的大鸵鸟蛋，每隔几天就有一枚新的蛋被孵化，奢华包、鞋、围巾等配饰从鸵鸟蛋中破壳而出。考究的色彩和灯光搭配尽显奢华气息。另有一只横跨两个橱窗的鸵鸟模型，背负旅行箱，脖子上挂着手袋。创意生动的时尚橱窗吸引人们驻足观赏、赞不绝口（图6-9）。

路易·威登另一次橱窗的创意，是使用徒步走钢丝、空中飞人、杂技演员和大象踩球这些神奇的马戏团表演形式，向人们展示其产品，体现了品牌创造性的时尚美（图6-10）。

图6-9　路易·威登鸵鸟蛋主题橱窗

图6-10　路易·威登马戏团主题橱窗

8. 2017年爱马仕迪拜新店春季橱窗设计　根据大自然里的绿色植物和景观，爱马仕橱窗发现了一个神奇的世界，超大的蘑菇、花和羽毛状的建筑形式以及多层的绿色风景构成了一个复杂的纸艺术世界（图6-11）。

图6-11　爱马仕纸艺主题橱窗

其他创意橱窗如图6-12～图6-27所示。

图6-12　品牌创意橱窗

图6-13　资生堂银座旗舰店，2012年6月“140周年纪念”

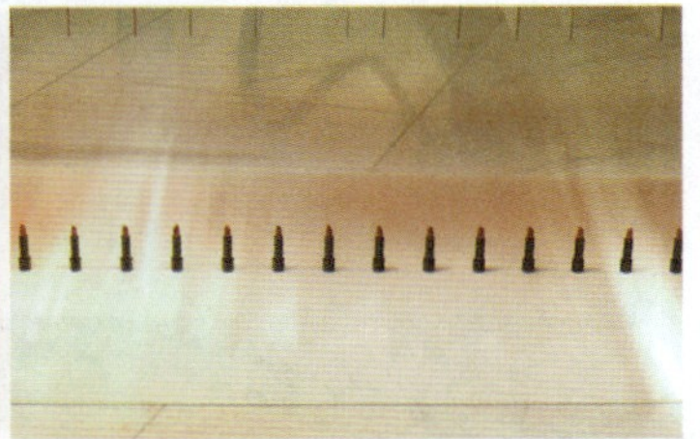

图6-14　资生堂银座旗舰店，2016年7月主题“红”

图6-15　资生堂银座旗舰店，2015年9月

图6-16　伊势丹新宿店本馆，2014年圣诞主题“北欧”

图6-17　东京银座三越，2016年圣诞主题“LIFE IS A GIFT”

图6-18　东京银座橱窗和光一晓

图6-19　西武涩谷店—正月

图6-20　巴黎春天百货Urban nature主题橱窗

图6-21　爱马仕橱窗1

图6-22　爱马仕橱窗2

图6-23　罗威（loewe）橱窗

图 6-24　伦敦 PAPER CATERPILLAR 橱窗

图6-25　资生堂银座大厦，2015新年主题“项链”

图6-26　“看到真色彩”Fossil手表橱窗

图6-27　创意橱窗

第二节　展位设计

一、展位设计

展位一般是临时的、短暂的，是策划、展示、设计的融合，是传播的艺术。现代展位设计与新技术媒介的结合，与新的表现形式的结合，甚至使用虚拟的展示方式，使展示本身变得更加生动有趣、直观形象。展位的设计本质上是展品、空间、时间与人之间信息传递交流的一个时空平台。

二、优秀展位设计案例

1. Liquid exhibition——泰国关于洪灾知识的展览　“当洪水来临，你将会奔向哪里？你将如何应对？如果我们有时间做好准备会怎样？大多数时候，我们并不知道灾难何时降临，但如果我们仔细观察和聆听，细心感受，我们就会知道该如何应对，该去哪里以及灾难为什么会发生。”

此次名为Liquid exhibition的展览集合三种不同类型的讨论，通过总结2011年在曼谷发生的洪灾经验，探讨关于如何应对过去以及未来灾难的展览。

展览分为三个区域：洪水的预案、研究与论点、案例分析。每个部分都以详细的描述引导参观者从理论到实际两方面对洪水灾害，以及相关对应措施做深入了解。

门口处的洪水预案区的重点是对房子的“检查、修复和维护”。三组巨大的窗框以及漆成不同颜色被水淹没的房顶放置在入口处，作为标志性雕塑，很好地将参观者的注意力从户外引入室内展览空间。

室内的研究与论点区展示了一个“水边住房”的优秀案例。案例分析区则以“这里没有被淹没，而这并不是巧合”为主线，展示了成功而坚固的泰京银行项目。通过巧妙的环境布置，装置设计和气氛营造，展览引导观众回归洪灾来临时站在屋顶等待救援的记忆。

每个区域都展示出通俗易懂的图表和文字信息，目的是让漫游在场地中的参观者被易于识别的图标所吸引，继而仔细阅读。同时展览也需要与参观者在行走、翻过、坐下中进行互动，如果参观者所居住的地区在2011年受灾，可以在蓝色地图中标记，与大家分享经历和经验并纪念那场灾难。

展览的亮点是参观者可以在场地二层俯瞰全局，整个展览内容又一次唤起对于灾难的记忆。这次展览只是一种工具，但却让我们明确该如何应对，因为灾难还会再次发生（图6-28）。

2. 山口传媒（YCAM）十周年案例　此次的设计是对山口传媒十周年历史的回顾，这是一个极具形式感的设计方案，用建筑设计的视角去诠释山口传媒艺术的历史以及对未

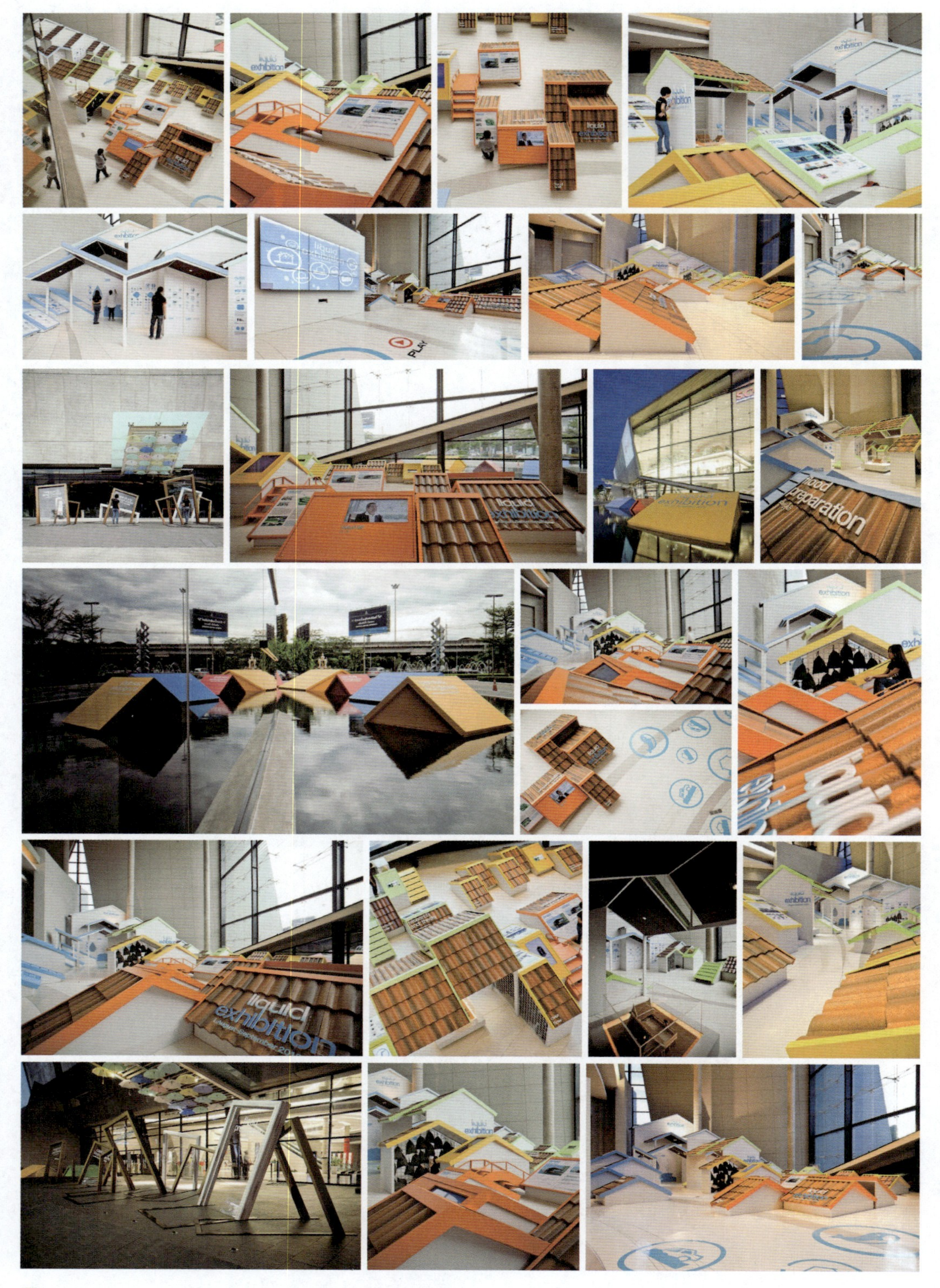

图6-28 Liquid exhibition—泰国关于洪灾知识的展览

来的展望。设计师并没有采用传统的大量展板或是电视幕墙展示、演绎山口传媒的历史，而是采用6个相对封闭的三角形空间，如同私人影院，人们会因为好奇而进入内部观看，一探究竟，而不是强行直白的传播。播放的视频内容是从人类行为学、建筑学的视角展示传媒的封闭性、区域性与开放性以及对他人权利的尊重，而不是一个生硬的历史回顾。这样的展示更像是一次谈话，而不是一次传播（图6-29）。

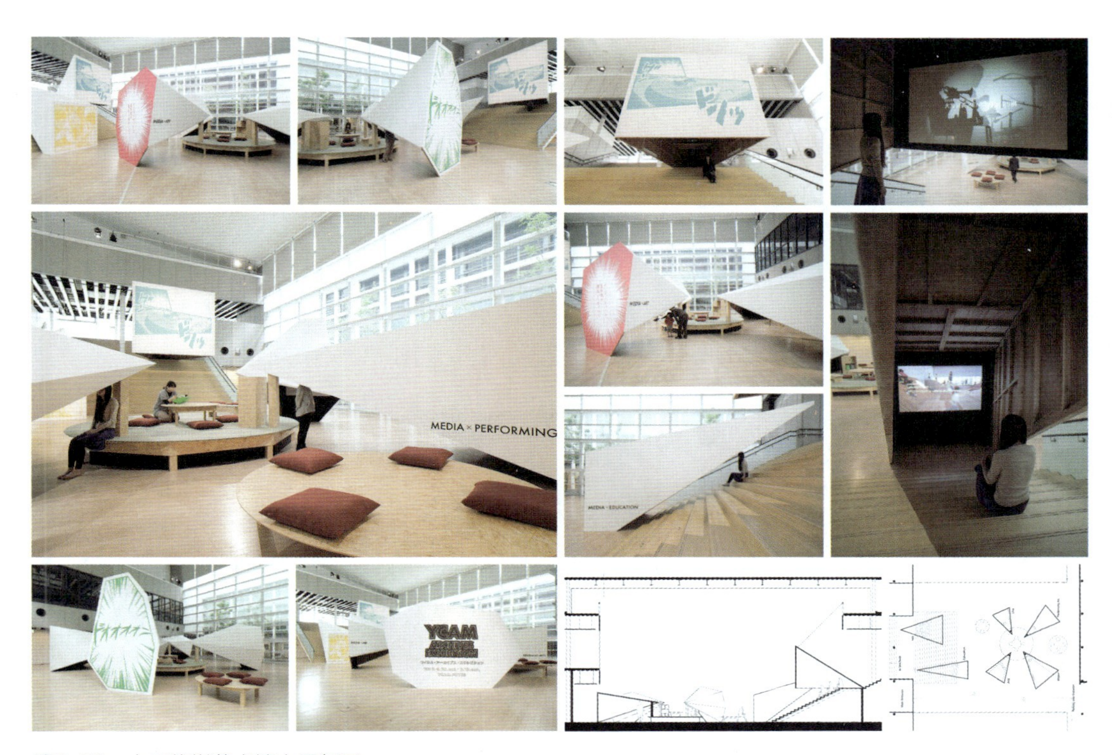

图6-29　山口传媒艺术馆十周年展

3. **雀巢150周年**　雀巢是世界最大的食品公司之一。雀巢公司成立150周年纪念之际，乌特列兹体验设计局（Tinker imagineers）在瑞士为雀巢公司设计了家庭体验式的“巢”。这个房屋面积达6626平方米、展览空间3500平方米的建筑位于日内瓦湖畔的沃韦，同时也是亨利·雀巢于1866年创立他的第一家工厂的地方。

设计师在巨大的玻璃屋顶下，设计了一个由白色流体结构组成的漂浮的、有机的大型世界。这个展览所蕴含的主旨在于更深入地对于公司精神的表达和探讨。参观者在入场前可以获得一个互动性的单独身份，伴随着这个进入场地，体验一场关于雀巢公司过去、现在及未来的旅程。展览主题围绕“关爱、享受、改善和分享”为主旨，展现了涉及五个不同领域的多样化内容。

历史回顾部分逼真地展现了时间的魅力，将参观者带回19世纪公司创立初期。创新地应用在同一工业时期发展的早期电影技术，结合光影、幻灯机和皮影戏等让人们产生回到过去的错觉。

150年历史之中蕴藏的时代精神将雀巢的产品、影像和故事化为历史上一个个标志性的时刻。两层的空间自身几乎可以算作一个博物馆。其中一个与众不同的珍藏室保存了一系列非常特别的物品，如第一台雀巢胶囊咖啡机的原型。

图6-30　建设阶段

象征现在的公共区域部分通过交互式的方法意在让游客意识到营养健康行业面临的社会挑战，并呼吁集体责任。所有参观者的行动可以体现在房间中心引人注目的灯光装置上。

视觉部分作为Nest的最后环节，参观者可以通过游戏和虚拟现实来体验到科学家的热情和他们创意十足的发明。孩子可以体验着探索整个展区的、他们专属的冒险旅程（图6-30~图6-40）。

图6-31　家庭体验式展览空间

图6-32　白色流体结构组成漂浮的大型世界

图6-33　幻灯机和皮影戏等古老技术

图6-34　历史回顾部分将参观者带回公司创立之初

图6-35　公共区域部分的交互式设计

图6-36　珍藏室—收藏着第一台雀巢胶囊咖啡机

图6-37　咖啡厅与纪念品店

图6-38　通过虚拟现实体验未来的Visions部分

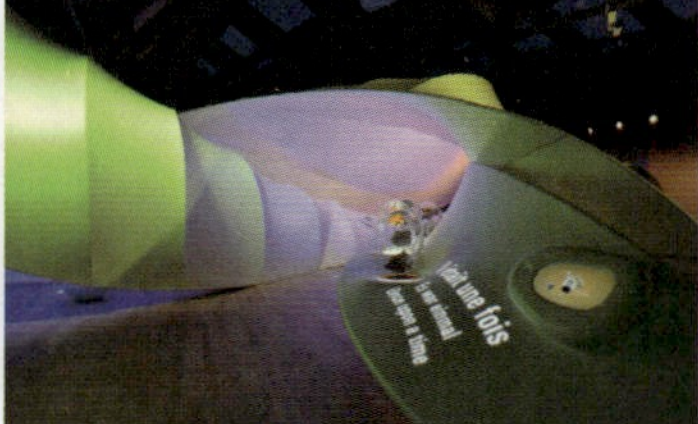

图6-39　夜景

图6-40　针对儿童体验的设计

4. 2017年DLW Flooring地面材料制造公司展位　一直以来，地面材料制造商DLW Flooring的展位设计都力求以独树一帜的面貌展现自我。

公司的产品既具备优异的环保性，又有很高的审美价值。其展位设计通过九个主题将其多种多样的应用领域突出进行展示。整个展位以“由内而外”为中心思想，将“内”与“外”空间穿插融合。

本次展位设计采用动态结构，通过不断转动的墙体，使内与外之间的色彩关系时时变幻，使人难以分辨何是“外”，何是“内”。

依据“由内而外”的中心思想，整个展位内外交错。白色的外墙勾勒出一个大致的区域范围，墙上切割出来的圆形元素可围绕纵轴旋转，双面粘贴着实际产品的材质。通过这些元素，访客以游戏的方式被带入产品世界。与此同时，因为墙体的活动性，展位的外墙和内里时刻变化，不停呈现新的视觉效果。由大幅材料拼接构成的后台背景，为形态与色彩的变幻搭建起一个稳定的舞台。

在这个展位设计中，常规的建筑墙体手法几乎消失，取而代之的是一个轻盈的框架，为内部的产品展示和色彩散发魅力开辟出更大的空间，甚至产品宣传册的设计也贴合展位的造型主题（图6-41）。

图6-41　DLW 地板公司，2017年展位

5. 拜耳材料科技展位设计　拜耳材料科技公司的展位约1000平方米，展示了作为国际企业的全球范围的产品，以此树立品牌和展现创新产品和服务。该展位设计清晰明了，大幅具有未来感的展墙搭配相应的地板图案将展位划分为三个区域：最佳实践、最佳服务、最佳创意。这三个区域分别展示了拜耳材料科技的材料成果、科技手段以及服务项目。墙面前后错移构成了几个进入背后封闭会议室的隐蔽入口。

大幅平面的背光照明为空间赋予一种明亮闪烁的气氛，让整个展览散发高科技的未来感。来自各种不同领域的工业产品呈现出多样的形态（图6-42）。

图6-42 拜耳材料科技展位设计

图6-43 欧米茄表展示设计

6. 欧米茄表展示设计 使用三角锥体的展台形式，寓意钻石般的坚固恒久，每一个细节的展示都凸显其品牌的机械工艺。黑色、宇航员、星球的元素寓意宇宙的深远、广阔，代表着欧米茄表已经达到天文级别的程度，实现了在精准度和性能上的卓越表现。并且欧米茄还在人类登月50年后，推出一款腕表记录这一伟大成就。007的电影人物经典形象，彰显着欧米茄的制表精神，代表着该品牌更高层面的品牌人文精神（图6-43）。

7. 德国施耐德电气展位设计　这是一个令人印象深刻的展位，以其大型的外形引人注目，清晰的结构和时尚的图案可以让观众迅速定位。顶棚的绿色既是标志色，又显示出统一性。该展位设计获得了2010年IF通讯设计奖和2012年德国设计奖提名（图6-44）。

图6-44　德国施耐德展厅设计

8. PEDRALI家具展位设计　设计者在视觉上努力营造创新的形式，使用了10个透视的、大型的、直径5米的轮子组成充满活力的寓意的景观。所有产品被固定在轮圈上，给观众提供了更好的直接接触和分析角度（图6-45）。

9. 乐家国际卫浴展　整个展位有三个主题区，为了让乐家品牌在2300家参展商中脱颖而出，设计者使用不同的色彩进行分区，低调奢华的黑色代表着乐家与高端品牌阿玛尼的合作，大面积的黑色、白色、缤纷色彩的搭配，给参观者留下了深刻的视觉印象（图6-46）。

10. 科瓦德拉特（Kvadrat）面料品牌展位设计　设计团队搭建了一个巨大的木架建筑，使用大量的布条垂挂下来，这些布条如同柔软的屋顶瓦片，又如片片鱼鳞，创造出一个独立空间。这个设计的灵感来自于垂柳，起到分隔空间的作用，在偌大的展会中开辟出一个独立的品牌专属空间（图6-47）。

图6-45 PEDRALI家具展位设计

图6-46 乐家展位设计

图6-47　科瓦德拉特（Kvadrat）面料品牌展位设计

11. 精彩展位设计欣赏（图6-48）。

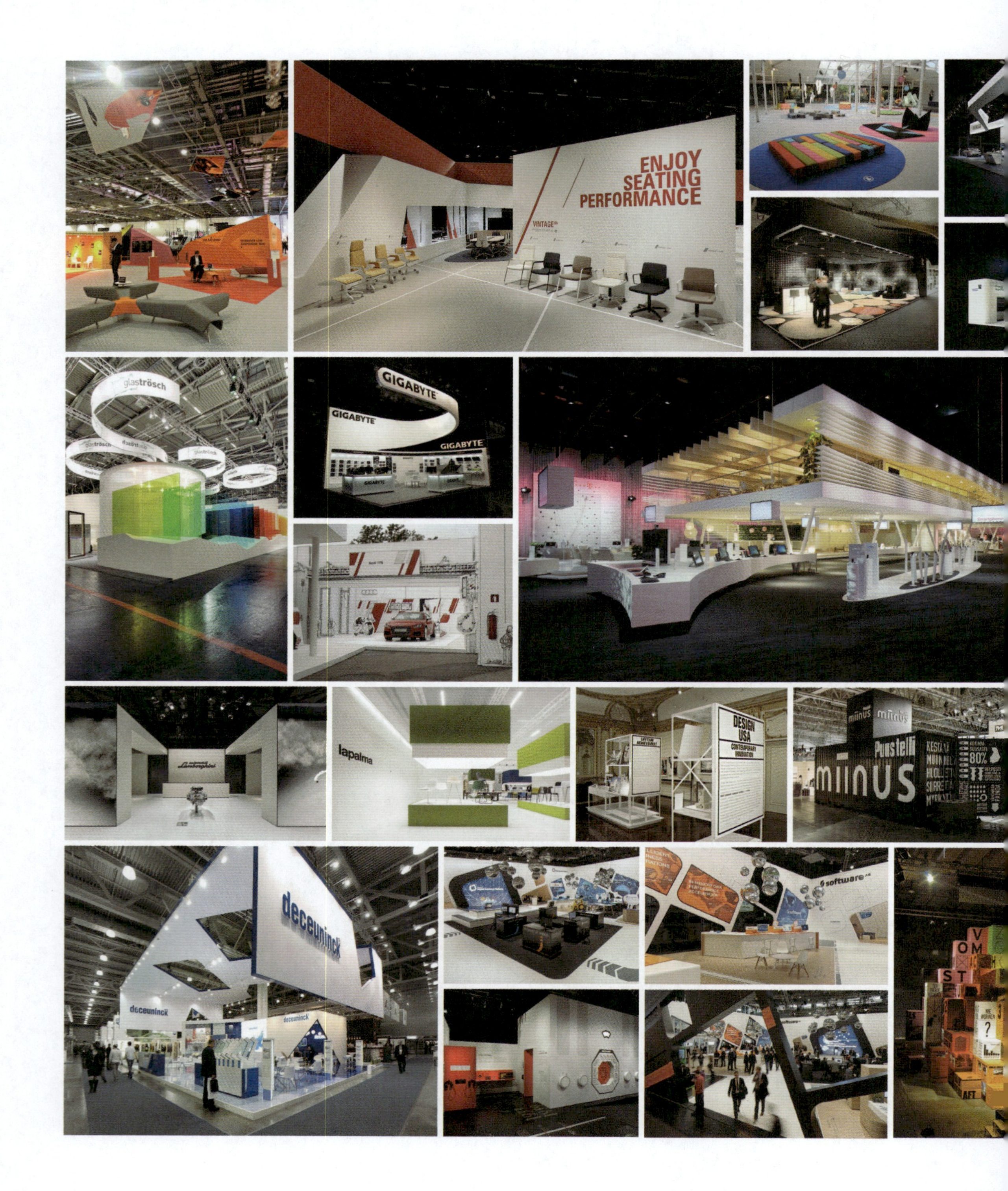

software
connections
BIG DATA
Business Process
Cloud
Leader in
Mobile
Social
2.1 Million
ARIS
WEBMETHODS
WAS IST
MEIN
BEI-
TRAG?
STUTTGART
COMPROMISSU

图6-48　精彩展位设计

参考文献

[1] 帕姆・洛克 . 展示设计 [M]. 邢莉莉,张瑞,张友玲,译 . 北京:中国青年出版社,2011.

[2] 林恩・梅舍 . 商业空间设计 [M]. 张玲,蔡克中,张友玲,译 . 北京:中国青年出版社,2011.

[3] 徐侃,阮涛 . 商业空间展示设计 [M]. 合肥:安徽美术出版社,2016.

[4] 贺诚,AKKA. 商业展示空间设计 [M]. 武汉:华中科技大学出版社,2017.

[5] 高迪国际 . 展览展示设计 [M]. 桂林:广西师范大学出版社,2014.

[6] 高迪国际 . 展览展示设计Ⅱ(上)[M]. 上海:上海科学技术文献出版社,2015.

[7] 托尼・摩根 . 视觉营销:橱窗与店面陈列设计 [M]. 毛艺坛,译 . 北京:中国纺织出版社,2014.

[8] 唐纳德・A. 诺曼 . 设计心理学 [M]. 小柯,译 . 北京:中信出版社,2016.

[9] 王受之 . 世界现代设计史 [M]. 2 版 . 北京:中国青年出版社,2015.

[10] 罗伯特・克雷 . 设计之美 [M]. 尹弢,译 . 济南:山东画报出版社,2011.

[11] 隈研吾 . 负建筑 [M]. 计丽屏,译 . 济南:山东人民出版社,2008.

[12] 原研哉 . 设计中的设计 [M]. 朱锷,译 . 济南:山东人民出版社,2006.

[13] 尚慧芳,陈新业 . 展示光效设计 [M]. 上海:上海人民美术出版社,2006.

[14] 前田丰 . 展览导视Ⅱ [M]. 常文心,译 . 沈阳:辽宁科学技术出版社,2015.

[15] 张炜,张玉明,胡国锋,李俊 . 商业空间设计 [M]. 北京:化学工业出版社,2017.

[16] Philip Hughes. Exhibition Design[M]. London: Laurence King Publishing Ltd,2010.